东海近海
常见浮游植物
图谱

沈盎绿　王晓阳　邵留　编著

Illustrations of Common
Phytoplankton in the
East China Sea

中国海洋大学出版社
CHINA OCEAN UNIVERSITY PRESS

·青岛·

图书在版编目（ＣＩＰ）数据

东海近海常见浮游植物图谱 / 沈盎绿，王晓阳，邵留编著. — 青岛：中国海洋大学出版社，2023.9
ISBN 978-7-5670-3615-4

Ⅰ.①东… Ⅱ.①沈… ②王… ③邵… Ⅲ.①东海—近海—浮游植物—图谱 Ⅳ.①Q948.8-64

中国国家版本馆CIP数据核字(2023)第175378号

出版发行	中国海洋大学出版社		
社　　址	青岛市香港东路23号	邮政编码	266071
出 版 人	刘文菁		
网　　址	http://pub.ouc.edu.cn		
订购电话	0532-82032573（传真）		
责任编辑	董　超	电　　话	0532-85902342
电子邮箱	465407097@qq.com		
照　　排	青岛光合时代传媒有限公司		
印　　制	青岛国彩印刷股份有限公司		
版　　次	2023年9月第1版		
印　　次	2023年9月第1次印刷		
成品尺寸	170 mm × 230 mm		
印　　张	10.5		
印　　数	1～1000		
字　　数	129 千		
定　　价	78.00元		

如发现印装质量问题，请致电0532-58700166，由印刷厂负责调换。

前言 Preface

　　东海是由我国大陆和台湾岛以及朝鲜半岛与日本九州岛等围绕的边缘海。东海的海湾以杭州湾最大，长江、钱塘江、瓯江、闽江等是注入东海的主要江河，其在东海形成一支巨大的低盐水系，也是中国近海营养盐比较丰富的水域。东海近海生态环境复杂多变，作为初级生产者的浮游植物群落结构也比较复杂。另外，浮游植物作为渔业基础饵料生物，与东海的渔业资源开发利用密切相关。东海近海沿岸江苏省、上海市、浙江省和福建省等地又是我国经济快速发展的地区，人为活动也对东海近海生态环境产生了一定的扰动，因此对该海域长期开展浮游植物种类和群落结构的研究工作非常有必要，而常见浮游植物图谱是进行这项基础工作（浮游植物分类鉴定）必不可少的工具之一。

　　目前，已经出版的我国近海浮游植物的相关分类书籍主要有金德祥等主编的《中国海洋浮游硅藻类》和《中国海洋底栖硅藻类》（上、下册）、郭玉洁主编的《中国海藻志：第五卷 硅藻门：第一册 中心纲》、程兆第和高亚辉主编的《中国海藻志：第五卷 硅藻门：第二册 羽纹纲Ⅰ》和《中国海藻志：第五卷 硅藻门：第三册 羽纹纲Ⅱ》、林永水主编的《中国海藻志：第六卷 甲藻门：第一册 甲藻纲》以及杨世民和董树刚主编的《中国海域常见浮游硅藻图谱》

等。另外，还有部分地方性海域浮游植物图谱，比如王全喜等编著的《上海九段沙湿地自然保护区及其附近水域藻类图集》、王茂剑和宋秀凯主编的《渤海山东海域海洋保护区生物多样性图集（第四册）：常见浮游生物》和高亚辉等著的《厦门海域常见浮游植物》等。笔者从 2010 年至 2022 年，对东海近海常见浮游植物标本进行了拍摄。本书共收录浮游藻类照片 228 张，共介绍 3 门 14 目 26 科 49 属 119 种（包括 2 变种 3 变型）浮游藻类。

近年来由于藻类分类技术的快速发展，整个藻类分类系统以及部分物种的分类地位均发生了较大改变，不同学者的观点具有较大差异。本书关于分类系统采纳原则如下：硅藻部分的种类分类系统、分类地位和学名主要参考《中国海藻志》的分类系统，甲藻部分由于目前《中国海藻志》只有《中国海藻志：第六卷 甲藻门：第一册 甲藻纲 角藻科》一册出版，本书以 *Identifying Marine Phytoplankton* 的分类系统为主要参考。当部分藻类种属等分类地位有较大变化时，充分尊重目前国内对这些种类的习惯命名并结合国际上主要藻类分类数据库如 AlgaeBase（https://www.algaebase.org/）和 World Register of Marine Species（简称 WoRMS，https://www.marinespecies.org/）进行详细评述。本书参考相关文献编制了硅藻和甲藻的分科检索表，并对每个种的同种异名、物种特征、生态特征及分布进行了描述，希望可以为海洋科学、生态学等相关专业的初学者和海洋生态环境监测调查工作者提供有价值的参考资料。

在样品采集过程中，承蒙上海海洋大学海洋生态与环境学院东海区公共航次调查和中国水产科学研究院东海水产研究所渔业生态环境室相关科研项目大力支持，在此表示衷心的感谢。中国海洋大学海洋生命学院海洋生物博物馆馆长、教授级高级实验师杨世民在藻类鉴定和图集编制过程中给予了很多帮助，并提出了宝贵的修改意见，谨此致谢。另外，上海海洋大学海洋生态与环境学院2018级生态学专业胡湘云、孙智恒和姚龙娇等三位同学在本书的编写过程中结合上海市大学生创新创业训练计划项目"长江口及其附近海域浮游植物新型检索系统研究"在物种特征描述、检索表和图片处理等方面给予了很多帮助，在此一并致谢。

由于作者水平有限，书中不足之处在所难免，恳请读者不吝指正。

笔者

2023 年 3 月

目录 Contents

硅藻门 Bacillariophyta

中心纲 Centricae

盘状硅藻目 Discoidales

甲藻门 Pyrrophyta

金藻门 Dictyochales

金藻纲 Chrysophyceae

金胞藻目 Chrysomonadales

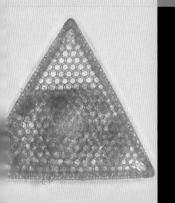

硅藻门
Bacillariophyta

硅藻门 Bacillariophyta 检索表

1. 花纹呈同心的放射状排列，不具壳缝或假壳缝 ……………… 中心纲 Centricae

  2. 细胞盘形、鼓形、球形至圆柱形 …………………… 盘状硅藻目 Discoidales

   3. 细胞靠刺与相邻细胞链接，刺和链轴平行 …… 骨条藻科 Skeletonemaceae

   3. 细胞单独生活或相连成链，如以刺毛相连，则刺毛不与链轴平行

    4. 细胞分泌胶质，靠一条或多条胶质丝相连成链，或包埋在胶质块内

    …………………………………… 海链藻科 Thalassiosiraceae

    4. 细胞不靠胶质丝相连

     5. 细胞壳周有长刺向外围射出 …………… 棘冠藻科 Corethronaceae

     5. 细胞壳周无长刺射出

      6. 细胞盘形，壳面凸、凹或扁平，一般单独生活 …………………

      …………………………… 圆筛藻科 Coscinodiscaceae

      6. 细胞近球形或圆柱形，相连成链，单独生活很少

       7. 细胞短圆柱形，壳面半球形，也有扁平的 …………………

       ………………………………… 直链藻科 Melosiraceae

       7. 细胞长圆柱形，壳面扁平 …………… 细柱藻科 Leptocylindraceae

2. 细胞长圆柱形，壳面常是斜锥形突起 ……………… 管状硅藻目 Rhizosoleniales

                  根管藻科 Rhizosoleniaceae

2. 细胞盒形，整个细胞像一袋面粉，各角常具有突起 ………………

………………………………… 盒形硅藻目 Biddulphiales

  8. 细胞壳面长轴两端各生一突起

   9. 突起内侧各生一刺 ………………… 盒形藻科 Biddulphiaceae

   9. 突起内侧无刺 …………………… 真弯藻科 Eucampiaceae

8.细胞壳面长轴两端无突起

　　10.壳面边缘有一圈长刺毛 ………………………… 辐杆藻科 Bacteriastraceae

　　10.壳面长轴两端各生有一根长刺毛 ……………… 角毛藻科 Chaetoceroceae

1.花纹左右对称，呈羽状排列，具壳缝或假壳缝 ………………… 羽纹纲 Pennatae

11.细胞壳面无壳缝，或具假壳缝 ………………………… 无壳缝目 Araphidiales

　　12.细胞内有隔片 ……………………………………… 平板藻科 Tabellariaceae

　　12.细胞内无隔片 ……………………………………… 脆杆藻科 Fragilariaceae

11.细胞壳面具壳缝

　　13.细胞仅一壳面具壳缝，另一壳面为假壳缝 … 单壳缝目 Monoraphidinales

　　　　　　　　　　　　　　　　　　　　　　　　曲壳藻科 Achnanthaceae

　　13.细胞两壳面均具壳缝，壳缝发达，贯穿壳面

　　14.壳缝线形，位于壳面中轴区 ………………… 双壳缝目 Biraphidinales

　　15.壳面两端及两侧对称 ……………………………… 舟形藻科 Naviculaceae

　　15.壳面两侧不对称 …………………………………… 桥弯藻科 Cymbellaceae

　　14.壳缝成管状，为管壳缝，常位于壳缘 … 管壳缝目 Aulonoraphidinales

　　　　　　　　　　　　　　　　　　　　　　　　菱形藻科 Nitzschiaceae

中心纲 Centricae

盘状硅藻目 Discoidales

直链藻科 Melosiraceae

直链藻属 *Melosira* Agardh, 1824

拟货币直链藻 *Melosira discigera* **Agardh, 1824**

同种异名: *Conferva nummuloides* Dillwyn, 1809; *Fragilaria mummuloides* (Dillwyn) Lyngbye, 1819; *Melosira nummuloides* (Dillwyn) Agardh, 1824; *Melosira nummuloides* (Dillwyn) Greville, 1833; *Lysigonium nummuloides* (Dillwyn) Trevisan, 1848

物种特征: 细胞球形至椭球形, 壳面半球形, 具有一圈薄的船骨突。相邻细胞以壳顶面连接成直链状群体, 由于壳面较凸, 群体上两壳面之间接触面较小。

生态特征及分布: 本种为海产或半咸水近海底栖种, 偶尔进入浮游生物种群。中国渤海、黄海、东海和南海均有分布。

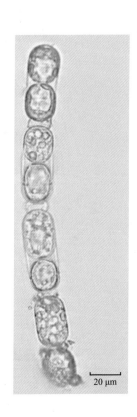

20 μm

念珠直链藻 *Melosira monoiliformis* (Müller) Agardh, 1824

同种异名： *Conferva moniliformis* Müller, 1783；*Lysigonium moniliforme* Link, 1820；*Melosira borreri* Greville, 1833；*Melosira borreri* var. *moniliformis* (Müller) Grunow, 1878

物种特征： 细胞近球形或短圆柱状，壳面四周的真孔分泌的胶质团将相邻两细胞的壳面粘连成念珠状长链或形成短柄以附生于海藻或其他固着基表面。色素体小而多。

生态特征及分布： 本种为近海底栖种，偶尔进入浮游生物种群。中国渤海、黄海、东海和南海均有分布，广东和福建近海尤其多。

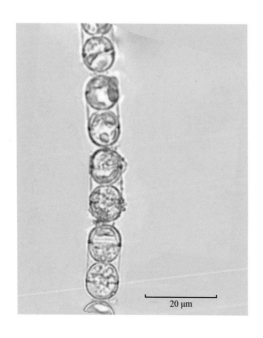

20 µm

帕拉藻属 *Paralia* Heiberg, 1863

具槽帕拉藻 *Paralia sulcata* (Ehrenberg) Cleve, 1873

同种异名: *Gaillonella sulcata* Ehrenberg, 1838; 具槽直链藻 *Melosira sulcata* (Ehrenberg) Kützing, 1844; *Lysigonium sulcatum* (Ehrenberg) Trevisan, 1848; *Orthosira marine* Smith, 1856; *Paralia marine* Heiberg, 1863; *Orthoseira sulcata* (Ehrenberg) O'Meara, 1875; *Paralia sulcata* var. *genuina* Grunow, 1884

物种特征: 细胞短圆柱状，壳环面观卵圆形。细胞以壳面紧密相接，形成链状群体。色素体小盘状，多数。

生态特征及分布: 本种为海产或半咸水近海底栖种，偶尔进入浮游生物种群。中国渤海、黄海、东海和南海均有分布。

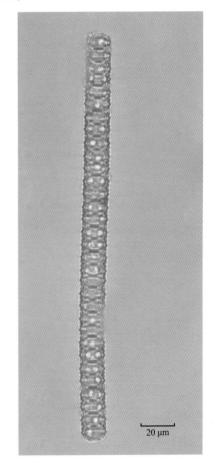

20 μm

注: 同种异名中个别物种同时期有与目前中文名不一致的，也一起附上，方便读者了解，特此说明。

圆筛藻科 Coscinodiscaceae

漂流藻属 *Planktoniella* Schütt, 1892

美丽漂流藻 *Planktoniella formosa* (Karsten, 1928) Qian & Wang, 1996

同种异名： 太阳漂流藻 *Planktoniella sol* (Wallich) Schütt, 1893；*Valdiviella formosa* Schimper, 1907；*Valdiviella formosa* Schimoer & Karsten, 1907；*Planktoniella formosa* (Karsten) Karsten, 1928

物种特征： 细胞圆盘状，壳缘无刺，具有透明薄膜状的翼状突，一般翼状突的翼宽相等，翼有放射肋 25~80 条。翼的边缘无皱褶状的隆起部分（这是与太阳漂流藻的重要区别），从侧面观，翼的尾部平直。细胞体与翼的比例为 1.3：1 至 2：1。

生态特征及分布： 本种为大洋种类。中国黄海、东海和南海均有分布。

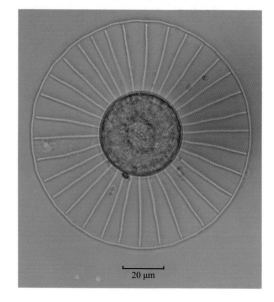

20 μm

具翼漂流藻 *Planktoniella blanda* (Schmidt) Syvertsen & Hasle, 1993

同种异名：*Coscinodiscus blandus* Schmidt, 1878；有翼圆筛藻 *Coscinodiscus bipartitus* Rattray, 1890；宽缘翼圆筛藻 *Coscinodiscus latimarginatus* Guo, 1981；*Thalassiosira blanda* (Schmidt) Desikachary & Gowthaman, 1989；*Thalassiosira bipartita* (Rattray) Hallegraeff, 1992

　　物种特征：细胞圆盘状。细胞壳面筛室大而明显，仅在壳边缘处的 2~3 圈筛室骤然缩小，在其周围有胶质分泌 3~6 个翼状突，或翼状突呈不规则的锯齿状圆圈。色素体颗粒状，多数。

　　生态特征及分布：本种为广布种。中国渤海、黄海、东海和南海均有分布。

　　分类地位概述：该种在《中国海洋浮游硅藻类》（金德祥等，1965）中定为有翼圆筛藻，在《中国海藻志：第五卷　硅藻门：第一册　中心纲》（郭玉洁和钱树本，2003）中定为宽缘翼圆筛藻，而在《中国海域常见浮游硅藻图谱》（杨世民和董树刚，2006）、AlgaeBase 和 WoRMS 均定为具翼漂流藻。本书将该种定为具翼漂流藻。

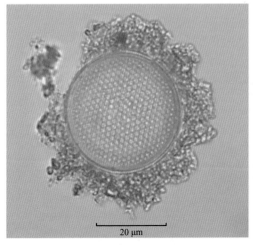
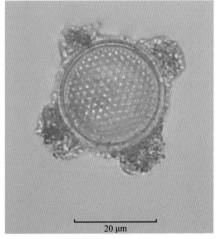

20 μm　　　　20 μm

圆筛藻属 *Coscinodiscus* Ehrenberg, 1839

蛇目圆筛藻 *Coscinodiscus argus* Ehrenberg, 1838

物种特征：细胞圆盘状，壳面扁平。细胞较大，壳面玫瑰区不明显，壳面筛室呈放射状和螺旋状排列。壳面中部筛室较小，向外逐渐变大，直至壳面中央到边缘的 2/3 处筛室逐渐缩小。在光学显微镜下呈淡蓝色。色素体颗粒状，多数。

生态特征及分布：本种为近海底栖种，常进入浮游生物种群。中国渤海、黄海、东海和南海均有分布。

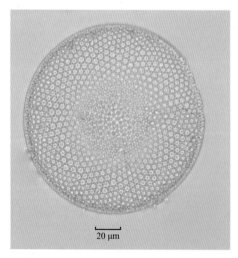
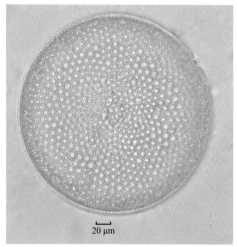

辐射列圆筛藻 *Coscinodiscus radiatus* **Ehrenberg, 1841**

同种异名：辐射圆筛藻；*Coscinodiscus radiatus* var. *genuinus* Cleve-Euler,
1942

物种特征：细胞扁盘状，壳面平坦，壳面中心没有玫瑰区。本种与蛇目
圆筛藻极为相似，壳面筛室呈鲜明的辐射状排列，但本种中心壳面筛室相对
较大，仅在壳面边缘有 1~2 行骤然缩小的筛室。色素体小盘状，多数。

生态特征及分布：本种为广布种。中国渤海、黄海、东海和南海均有分布。

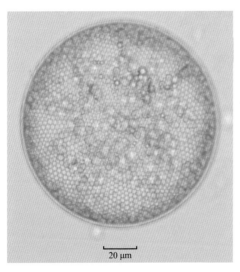
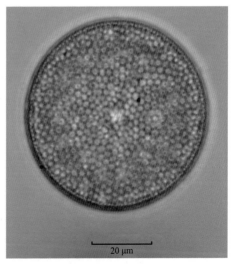

20 μm   20 μm

虹彩圆筛藻 *Coscinodiscus oculus-iridis* (Ehrenberg) Ehrenberg, 1839

同种异名： *Coscinodiscus oculusiridis* Ehrenberg, 1840；*Coscinodiscus radiatus* var. *oculus-iridis* Ehrenberg, 1840；*Coscinodiscus oculus-iridis* var. *genuina* Grunow 1884；*Coscinodiscus radiatus* var. *oculus-iridis* (Ehrenberg; Ehrenberg) Heurck, 1896；*Coscinodiscus radiatus* var. *oculus-iridis* (Ehrenberg) Jørgensen, 1905；*Coscinodiscus oculus-iridis* var. *typicus* Cleve, 1942；*Coscinodiscus oculus-iridis* f. *typica* Cleve null

物种特征： 细胞圆盘状，壳面扁平。壳面中央玫瑰区大而明显，筛室呈放射状和螺旋状排列，壳中部至壳边缘筛室逐渐增大，靠近壳缘则骤然缩小。中部筛室每 10 μm 约 5 个，外围每 10 μm 约 2.5 个。

生态特征及分布： 本种为广布种。中国渤海、黄海、东海和南海均有分布。

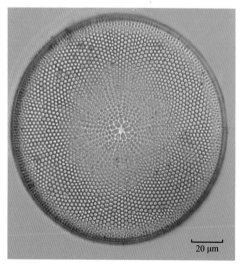
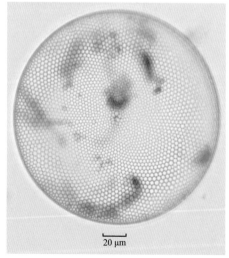

星脐圆筛藻 *Coscinodiscus asteromphalus* Ehrenberg, 1844

同种异名：*Coscinodiscus radiatus* var. *asteromphalus* (Ehrenberg) Ehrenberg, 1854；*Coscinodiscus asteromphalus* var. *conspicua* Grunow, 1883；*Coscinodiscus asteromphalus* var. *genuina* Grunow, 1884

物种特征：细胞大型，呈盘状至短柱状。壳面中央由大而鲜明的孔纹构成玫瑰区。本种与虹彩圆筛藻很相似，但本种壳面筛室大小几乎相等，每 10 μm 3~5 个。色素体小圆盘状，多数。

生态特征及分布：本种为广布种。中国渤海、黄海、东海和南海均有分布。

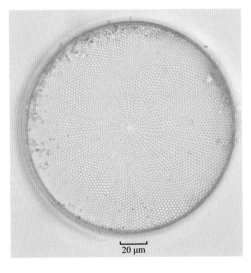
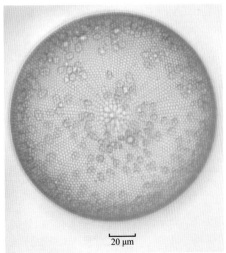

琼氏圆筛藻 *Coscinodiscus jonesiana* (Greville)

Sar & Sunesen, 2008

同种异名： *Eupodiscus jonesianus* Greville, 1862；

Coscinodiscus jonesianus (Greville) Ostenfeld，1915

物种特征： 细胞壳面平坦或中央部分稍凹入。多数壳面中央有玫瑰纹，筛室较小，呈放射状和螺旋状排列，中部筛室每 10 μm 6.5 个，外围筛室每 10 μm 约 9 个。壳面生小刺，壳缘有 2 个相距 100°~120° 的大缘突（真孔）。色素体小粒状，多数。

生态特征及分布： 本种为海产或半咸暖水性广布种。中国渤海、黄海、东海和南海均有分布。

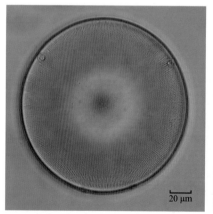
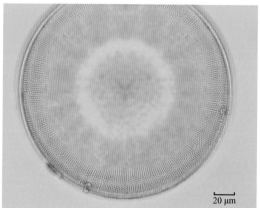

有棘圆筛藻 Coscinodiscus spinosus Chin, 1965

物种特征：本种与琼氏圆筛藻非常相似，有不等距离的大中空刺，壳缘的 2 个大缘突与中心的夹角稍微偏小，为90°~110°。色素体小，多数。

生态特征及分布：本种为暖水性广布种。中国渤海、黄海、东海和南海均有分布。

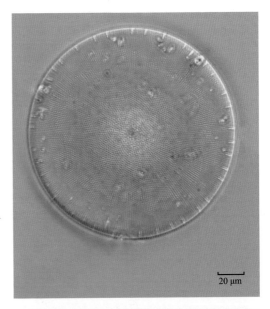

20 μm

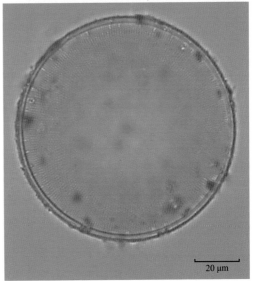

20 μm

细弱圆筛藻 *Coscinodiscus subtilis* Ehrenberg, 1841

同种异名: *Craspedodiscus subtilis* 'Ehrenberg Mikr. p. 12' according to Mills, 1933; *Coscinodiscus subtilis* var. *genuinus* Cleve, 1942

物种特征: 细胞平盘状,壳薄,壳面筛室呈等腰三角形束状排列,较细小,中部筛室排列不规则。由此孔纹成束辐射,形成9~14个辐射束,每束由5~12条室纹组成。色素体小圆盘状,多数。

生态特征及分布: 本种为广布种。中国渤海、黄海、东海和南海均有分布。

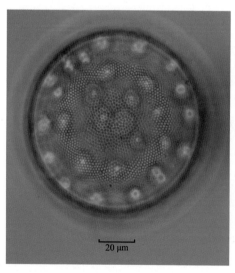
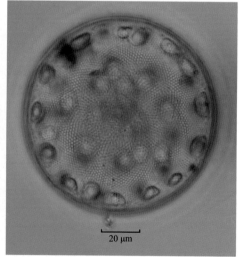

巨圆筛藻 *Coscinodiscus gigas* Ehrenberg, 1841

物种特征： 细胞圆盘状，壳面扁薄，壳面有明显的中央无纹区，壳面近边缘处每 10 μm 约 3.5 个筛室。色素体小颗粒状，多数。

生态特征及分布： 本种为广布种。中国黄海、东海和南海均有分布。

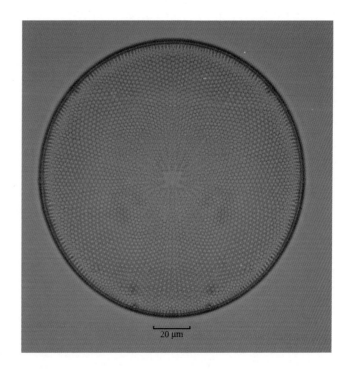

20 μm

威利圆筛藻 *Coscinodiscus wailesii* Gran & Angst, 1931

同种异名： 威氏圆筛藻

物种特征： 细胞圆盘状，壳面有明显的中央无纹区。与巨圆筛藻最大区别在于本种筛室相对较小，每 10 µm 5.5~7 个。色素体小颗粒状，多数。

生态特征及分布： 本种为暖温性广布种。中国渤海、黄海、东海和南海均有分布。

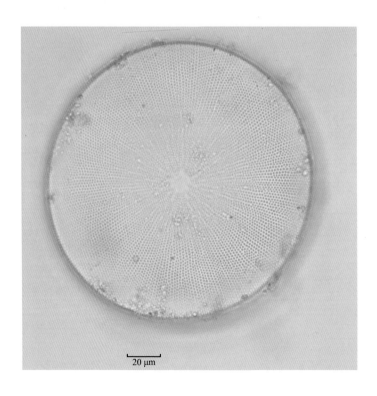

20 µm

辐裥藻属 *Actinoptychus* Ehrenberg, 1843

六幅辐裥藻 *Actinoptychus senarius* (Ehrenberg) Ehrenberg, 1843

同种异名: *Actinocyclus senarius* Ehrenberg, 1838; *Actinocyclus undulatus* Kützing, 1844; *Actinoptychus undulatus* (Kützing) Ralfs, 1861; 波状辐裥藻 *Actinoptychus undulatus* (Bailey) Ralfs, 1861; *Actinoptychus undulatus* var. *senarius* (Ehrenberg) Grunow, 1867; *Actinoptychus undulatus* var. *typicus* Cleve-Euler, 1952; 六数辐裥藻

物种特征: 细胞圆盘状，壳面由高低相间的6块扇形区组成，凸出的3块靠壳缘各有锥形小突起1个。色素体小颗粒状，多数。

生态特征及分布: 本种为广温性近海底栖种，偶尔也进入浮游生物种群。中国渤海、黄海、东海和南海均有分布。

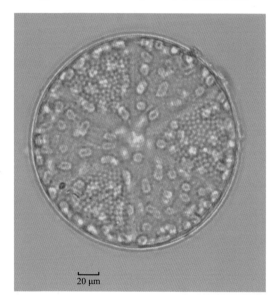

20 μm

蛛网藻属 *Arachnoidiscus* Deane & Shadbolt, 1852

纹饰蛛网藻 *Arachnoidiscus ornatus* Ehrenberg, 1849

同种异名： 纹筛蛛网藻

物种特征： 细胞圆盘状，壳缘具有二级、三级和四级肋状隆起，四级隆起很短。蛛网状的轮状纹较明显，近壳缘处略不规则。

生态特征及分布： 本种为暖水性底栖种，偶尔进入浮游生物种群。中国东海和南海有分布。

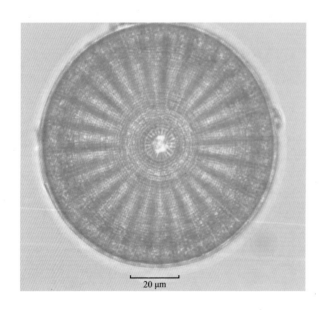

20 μm

掌状藻属 *Palmerina* Hasle, 1996

哈德掌状藻 *Palmerina hardmaniana* (Greville) Hasle, 1996

同 种 异 名：*Palmeria hardmaniana* Greville, 1865；*Hemidiscus hardmanianus* (Greville) Kuntze, 1898；哈氏半盘藻 *Hemidiscus hardmannianus* (Greville) Mann, 1907；*Hemidiscus niveus* Hanna & Grant, 1926

物种特征：细胞近半球形，壁薄且大，单个浮游生活。背侧呈弧形弯曲，腹侧平直，两端圆钝。色素体小颗粒状，多数。

生态特征及分布：本种为暖水性近海种。中国黄海、东海和南海均有分布。

分类地位概述：金德祥等（1965）和郭玉洁（2003）将此种定为哈氏半盘藻，杨世民和董树刚（2006）以及 WoRMS 对该种的命名为 *Palmeria hardmaniana* Greville, 1865，AlgaeBase 则定为 *Palmerina hardmaniana* (Greville) Hasle, 1996。本书采用 AlgaeBase 的说法。

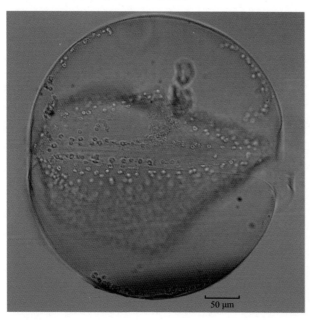

50 μm

海链藻科 Thalassiosiraceae

海链藻属 *Thalassiosira* Cleve, 1873 emend. Hasle, 1973

细长列海链藻 *Thalassiosira leptopus* (Grunow) Hasle & Fryxell, 1977

同种异名： 线形圆筛藻 *Coscinodiscus lineatus* Ehrenberg, 1839；*Coscinodiscus leptopus* Grunow, 1883；*Coscinodiscus pseudolineatus* Pantocsek, 1886；*Coscinodiscus leptopus* var. *discrepans* Rattray, 1890；*Coscinodiscus praelineatus* Jousé, 1968

物种特征： 细胞扁圆盘状，壳面扁平，孔纹排列成直线，整个壳面各筛室大小几乎相等，仅在靠近壳缘 2~3 圈筛室较小。色素体小颗粒状，多数。

生态特征及分布： 本种为广布种。中国渤海、黄海、东海和南海均有分布。

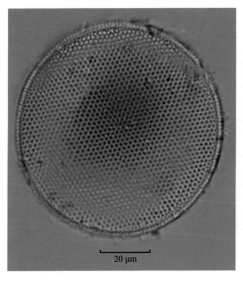

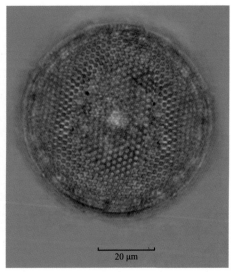

离心列海链藻 *Thalassiosira excentrica* (Ehrenberg) Cleve, 1904

同种异名： 偏心圆筛藻 *Coscinodiscus excentricus* Ehrenberg, 1840；

Coscinodiscus eccentricus Ehrenberg, 1840；*Coscinodiscus kryophilus* Grunow,

1884；*Thalassiosira kryophila* (Grunow) Jørgensen, 1905；*Thalassiosira*

excentrica Karsten, 1905；*Thalassiosira excentrica* f. *velata* Cleve, 1942；

Thalassiosira excentrica var. *fasciculata* Chernov, 1947；*Thalassiosira*

excentrica f. *major* Jousé, 1959

物种特征： 细胞鼓状，壳面圆而平。细胞壳面筛室呈弧状离心排列，

共 7 组。色素体小盘状，多数。

生态特征及分布： 本种为广布种。中国渤海、黄海、东海和南海均有

分布。

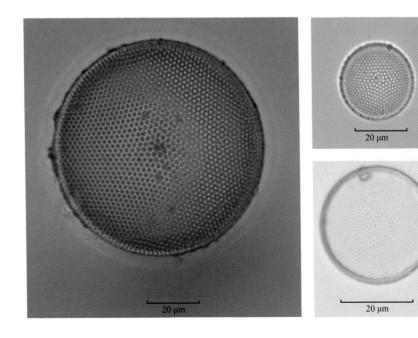

20 μm 20 μm 20 μm

圆海链藻 *Thalassiosira rotula* **Meunier, 1910**

同种异名： *Thalassiosira gravida* Cleve, 1896；*Coscinodiscus rotulus* (Meunier) Cleve, 1951；*Thalassiosira tcherniai* Manguin, 1957；*Coscinodiscus pelagicus* Woodhead & Tweed, 1960

物种特征： 细胞圆盘状，壳套与环带间环纹明显，胶质丝粗。一般每串有 7~8 个细胞。色素体小盘状，多数。

生态特征及分布： 本种为广布种。中国渤海、黄海、东海和南海均有分布。

分类地位概述： 国内学者诸如金德祥等（1965）、郭玉洁（2003）、杨世民和董树刚（2006）采用 *Thalassiosira rotula* Meunier, 1910，而 AlgaeBase 和 WoRMS 则定为 *Thalassiosira gravida* Cleve, 1896。本书采用国内学者的说法。

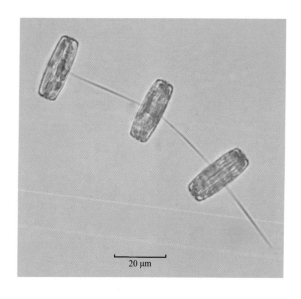

20 μm

太平洋海链藻 *Thalassiosira pacifica* Gran & Angst, 1931

同种异名： *Thalassiosira pulchella* Takano, 1963

物种特征： 细胞呈厚盘状或短圆柱状。壳面圆且平，仅中央略凹，细胞环面观为扁长方形，四角略圆。相邻细胞借壳面中央的胶质丝相连成直或略弯的链状群体。色素体小颗粒状，多数。

生态特征及分布： 本种为广布种。中国渤海、黄海、东海和南海均有分布。

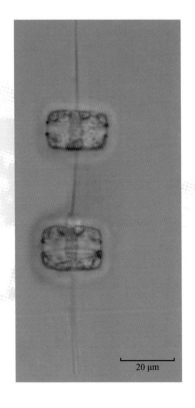

20 μm

短棘藻属 *Detonula* Schütt & De Toni, 1894

矮小短棘藻 *Detonula pumila* (Castracane) Gran, 1900

同种异名： *Lauderia pumila* Castracane, 1886；*Detonula delicatula* (Péragallo) Gran, 1900；优美旭氏藻 *Schröderella delicatula* f. *delicatula* (Péragallo) Pavillard, 1913

物种特征： 细胞圆柱状，壳缘 1 圈小刺连接相邻细胞，小刺连接处锯齿状。领状节间带明显。色素体星状，多数。

生态特征及分布： 本种为近海种。中国黄海、东海和南海均有分布。

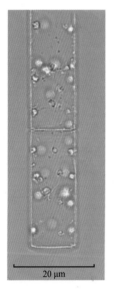

20 μm 20 μm

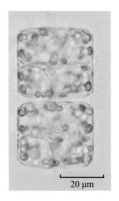

20 μm

优美短棘藻 *Detonula delicatula* (Peragallo) Gran, 1900

同种异名：*Lauderia delicatula* Peragallo, 1888；*Lauderia schröederi* Bergon, 1903；*Detonula schröederi* Gran, 1905；*Detonula schröederi* (Bergon) Gran, 1908；*Schröederella schröederi* (Bergon) Pavillard, 1925；*Schröederella delicatula* f. *schröederi* (Bergon) Margalef, 1951；优美旭氏藻矮小变型 *Schröederella delicatula* f. *schröederi* (Bergon) Sournia, 1968；矮优美刺链藻

物种特征：细胞圆柱状，壳缘生 1 圈小刺，常与邻细胞的小刺交互相接如锯齿形，借以连接成细胞链。本种较矮小短棘藻细胞短粗。色素体小盘状，多数。

生态特征及分布：本种为广布种。中国渤海、黄海、东海和南海均有分布。

分类地位概述：郭玉洁（2003）、杨世民和董树刚（2006）将本种归到旭氏藻属，而 AlgaeBase 则将其归到短棘藻属。考虑到优美旭氏藻已经是矮小短棘藻的同种异名，那么优美旭氏藻矮小变型归到短棘藻属更加合适，AlgaeBase 定为 *Detonula delicatula* (Peragallo) Gran, 1900，其中文名翻译为优美短棘藻。

20 μm

20 μm

娄氏藻属 *Lauderia* Cleve, 1873

环纹娄氏藻 *Lauderia annulata* Cleve, 1873

同种异名：北方娄氏藻 *Lauderia borealis* Gran, 1900；环纹劳德藻；北方劳德藻；北方柱链藻

物种特征：细胞粗大，圆柱状，壳面隆起，中央略凹，相邻细胞通过长短不一的小棘连成直链状群体。色素体小板状，多数。

生态特征及分布：本种为广布种。中国渤海、黄海、东海和南海均有分布。

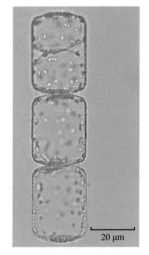

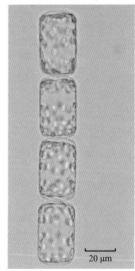

骨条藻科 Skeletonemaceae

骨条藻属 *Skeletonema* Greville, 1865

中肋骨条藻 *Skeletonema costatum* (Greville) Cleve, 1873

同种异名： *Melosira costata* Greville, 1866；骨条藻

物种特征： 细胞透镜形或短圆柱状，相邻细胞通过壳面边缘 1 圈管状刺相连成直链状群体。色素体大肾形，1~2 个。

生态特征及分布： 本种为广盐性广布种。中国渤海、黄海、东海和南海均有分布。其大量繁殖可形成翠绿色赤潮，为中国沿海常见赤潮种。

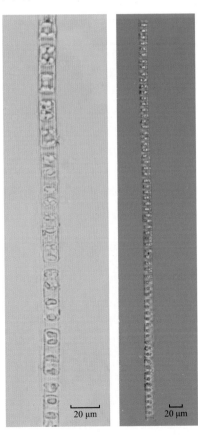

20 μm　　20 μm

冠盖藻属 *Stephanopyxis* (Ehrenberg) Ehrenberg, 1845

掌状冠盖藻 *Stephanopyxis palmeriana* (Greville) Grunow, 1884

同种异名： *Creswellia palmeriana* Greville, 1865；*Pyxidicula palmeriana* (Greville) Strelnikova & Nikolajev, 1986；*Eupyxidicula palmeriana* (Greville) Blanco & Wetzel, 2016

物种特征： 细胞球形或短圆筒状，壳面圆形，微鼓起，壳面边缘生 1 圈管状刺，相邻细胞通过管状刺连成直链状群体。休眠孢子扁球形，硅质化程度强。色素体小盘状，多数。

生态特征及分布： 本种为广布种。中国渤海、黄海、东海和南海均有分布。

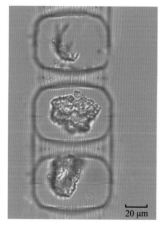 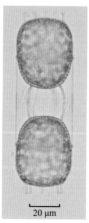 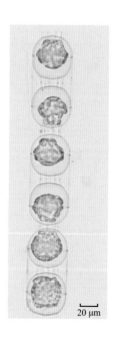

细柱藻科 Leptocylindraceae

几内亚藻属 *Guinardia* Péragallo, 1892

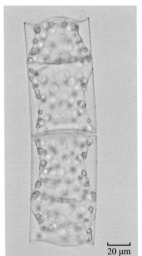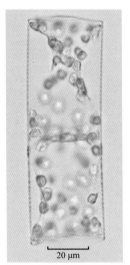

薄壁几内亚藻 *Guinardia flaccida* (Castracane) Péragallo, 1892

同种异名：*Rhizosolenia flaccida* Castracane, 1886；*Henseniella baltica* Schütt, 1894；*Guinardia baltica* Schütt, 1896；菱软几内亚藻

物种特征：细胞长圆柱状，壳面正圆形，有 1~2 个钝突起，单个生活或彼此以壳面连成短链，节间带领状。色素体颗粒状或棒状，多数。

生态特征及分布：本种为广布种。中国渤海、黄海、东海和南海均有分布。

斯氏几内亚藻 *Guinardia striata* (Stolterfoth) Hasle, 1996

同种异名： *Eucampia striata* Stolterfoth, 1879；*Pyxilla stephanos* Hensen, 1887；斯氏根管藻／斯托根管藻 *Rhizosolenia stolterfothii* Péragallo, 1888；*Henseniella stephanos* (Hensen) Schütt, 1894；*Guinardia stephanos* (Hensen) Hensen, 1895；旋链根管藻

物种特征： 细胞香蕉形，壳环轴长而呈弧形弯曲，壳面平，其上斜向外生一短刺，以此短刺插入邻细胞形成螺旋状群体，节间带领状。色素体小椭球形，多数。

生态特征及分布： 本种为广盐性广布种。中国渤海、黄海、东海和南海均有分布。

分类地位概述： 本种分类地位有一定争议。金德祥等（1965）、郭玉洁（2003）将其定为斯氏根管藻／斯托根管藻，杨世民和董树刚（2006）和 AlgaeBase 则将其定为斯氏几内亚藻。本书采用后者的说法。

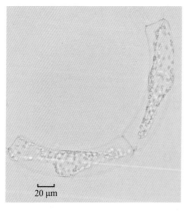

20 μm

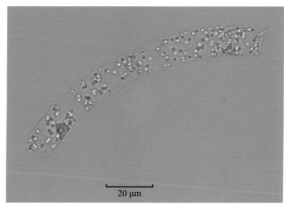

20 μm

圆柱几内亚藻 *Guinardia cylindrus* **(Cleve) Hasle, 1996**

同种异名： 圆柱根管藻 *Rhizosolenia cylindrus* Cleve, 1897；

Rhizosolenia antarctica Karsten, 1905

物种特征： 细胞圆柱状，末端正圆锥状或半球形。壳面平坦，正中央有 1 条略弯的长刺，末端钝。细胞组成群体时相邻细胞的壳面不直接接触，由长刺交叉相连，长刺的尾部插入相邻细胞。色素体小颗粒状，多数。

生态特征及分布： 本种为广布种。中国黄海、东海和南海均有分布。

分类地位概述： 本种分类地位有一定争议。金德祥等（1965）、郭玉洁（2003）和 WoRMS 将其定为圆柱根管藻，杨世民和董树刚（2006）和 AlgaeBase 则将其定为圆柱几内亚藻。本书采用后者的说法。

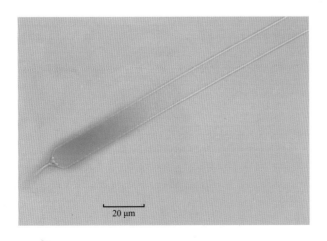

20 μm

柔弱几内亚藻 *Guinardia delicatula* (Cleve) Hasle, 1997

同种异名: 柔弱根管藻 *Rhizosolenia delicatula* Cleve, 1900

物种特征: 细胞短圆柱状,壳面平,其上生一向外斜伸的短刺,并以此短刺插入邻细胞连成链状群体。色素体大板状,少数。

生态特征及分布: 本种为广布种。中国渤海、黄海、东海和南海均有分布。

20 μm

细柱藻属 *Leptocylindrus* Cleve in Petersen, 1889

丹麦细柱藻 *Leptocylindrus danicus* Cleve, 1889

物种特征： 细胞长圆柱状，壳面扁平或略平或略凹。细胞以壳面紧密相接组成略微弯曲的细长细胞链。色素体小板状，一般不足 10 个（金德祥等（1965）的描述为：其色素体颗粒状，数量 6~33 个）。

生态特征及分布： 本种为广布种。中国渤海、黄海、东海和南海均有分布。

棘冠藻科 Corethronaceae

棘冠藻属 *Corethron* Castracane, 1886

棘冠藻 *Corethron criophilum* Castracane, 1886

同种异名：*Actiniscus pennatus* Grunow, 1882；*Corethron hispidum* Castracane, 1886；*Corethron murrayanum* Castracane, 1886；豪猪棘冠藻 *Corethron hystrix* Hensen, 1887；*Corethron pelagicum* Brun, 1891；*Corethron cometa* Brun, 1891；*Corethron valdiviae* Karsten, 1904；*Corethron pennatum* (Grunow) Ostenfeld, 1909；环毛藻

物种特征：细胞圆柱状，个体较大，两壳面隆起呈球状，壳缘生1圈长刺。色素体小盘状，多数。

生态特征及分布：本种为广布种。中国渤海、黄海、东海和南海均有分布。

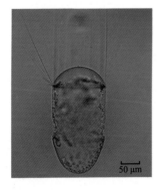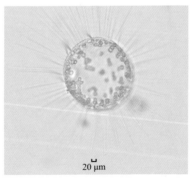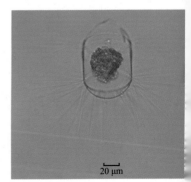

管状硅藻目 Rhizosoleniales

根管藻科 Rhizosoleniaceae

鼻状藻属 *Proboscia* Sundström, 1986

翼鼻状藻 *Proboscia alata* (Brightwell) Sundström, 1986

同种异名： 翼根管藻 *Rhizosolenia alata* Brightwell, 1858；模式型翼根管藻 / 翼根管藻（原型）*Rhizosolenia alata* f. *genuina* Gran, 1908

物种特征： 细胞细长柱状，壳面凸起呈圆锥状，锥形突与细胞长轴平行或向背腹略弯，顶端钝圆，没有端刺，细胞直径为 11~24 μm。色素体颗粒状，多数。

生态特征及分布： 本种为广布种。中国渤海、黄海、东海和南海均有分布。

分类地位概述： 本种分类地位有较大争议。金德祥等（1965）将本种定为模式型翼根管藻，郭玉洁和钱树本（2003）将本种定为翼根管藻（原型），杨世民和董树刚（2006）、AlgaeBase 和 WoRMS 则将本种定为翼鼻状藻，而且 AlgaeBase 数据库中该种的分类中将原模式型翼根管藻和翼鼻状藻纤细变型并为一种。本书将此种定为翼鼻状藻。

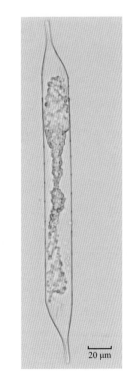

20 μm

翼鼻状藻纤细变型 *Proboscia alata* f. *gracillima* (Cleve) Licea & Moreno, 1997

同种异名: *Rhizosolenia gracillima* Cleve, 1878; *Rhizosolenia gracillima* Cleve, 1881; *Rhizosolenia alata* var. *genuine* f. *gracillima* Cleve, 1881; 翼根管藻纤细变型 / 细长翼根管藻 *Rhizosolenia alata* f. *gracillima* (Cleve) Grunow, 1882; *Rhizosolenia alata* var. *gracillima* (Cleve) Grunow ex Van Heurck, 1882; *Proboscia alata* f. *gracillima* (Cleve) Gran

20 μm

物种特征: 细胞细长柱状,壳面锥状,凸起,顶端截断形,略弯向内方;壳面具凹痕;一般细胞直径为 3~7 μm。本变型较翼鼻状藻更纤细,锥形凸起也较细长。

生态特征及分布: 本种为广布种。中国渤海、黄海、东海和南海均有分布。

分类地位概述: 本种分类地位有较大争议。金德祥等（1965）将本种定为细长翼根管藻 *Rhizosolenia alata* f. *gracillima* (Cleve) Grunow, 1882,郭玉洁和钱树本（2003）、杨世民和董树刚（2006）将本种定为翼根管藻纤细变型 *Rhizosolenia alata* f. *gracillima* (Cleve) Grunow, 1882。AlgaeBase 将本种定为翼鼻状藻 *Proboscia alata* (Brightwell) Sundström, 1986,WoRMS 则将本种定为翼鼻状藻纤细变型 *Proboscia alata* f. *gracillima* (Cleve) Gran。本书将本种定为翼鼻状藻纤细变型 *Proboscia alata* f. *gracillima* (Cleve) Licea & Moreno, 1997。

20 μm

翼鼻状藻印度变型 *Proboscia alata f. indica* (Peragallo) Licea & Moreno, 1996

同种异名: *Rhizosolenia indica* Peragallo, 1892; *Rhizosolenia quadrijuncta* Peragallo, 1892; *Rhizosolenia alata* var. *corpulenta* Cleve, 1897; *Rhizosolenia corpulenta* (Cleve) Cleve, 1900; *Rhizosolenia alata* var. *indica* (Peragallo) Ostenfeld, 1901; 翼根管藻印度变种/印度翼根管藻 *Rhizosolenia alata* f. *indica* (Peragallo) Ostenfeld, 1901; *Rhizosolenia alata* f. *indica* (Peragallo) Gran, 1905; *Rhizosolenia africana* Karsten, 1907; *Proboscia indica* (Peragallo) Hernández-Becerril, 1995

物种特征: 细胞长柱状,壳面凸起呈圆锥状,锥形突与细胞长轴平行或向背腹略弯,顶端钝圆,没有端刺,细胞直径为 28~114 µm（郭玉洁和钱树本,2003）。色素体颗粒状,多数。

生态特征及分布: 本种为广布种。中国渤海、黄海、东海和南海均有分布。

分类地位概述: 本种分类地位有较大争议。金德祥等（1965）将本种定为印度翼根管藻,郭玉洁（2003）、杨世民和董树刚（2006）将本种定为翼根管藻印度变型。AlgaeBase 将本种定为 *Proboscia indica* (Peragallo) Hernández-Becerril, 1995,而 WoRMS 将本种定为 *Rhizosolenia indica* Peragallo, 1892。为了与前面两种翼鼻状藻变型统一讲述以方便初学者理解,本书将本种定为翼鼻状藻印度变型。

20 µm   20 µm   20 µm

根管藻属 *Rhizosolenia* Brightwell, 1858

覆瓦根管藻细径变种 *Rhizosolenia imbricata* var. *schrubsolei* (Cleve) Schröder, 1960

同种异名： 覆瓦根管藻 / 复瓦根管藻 *Rhizosolenia imbricata* Brightwell, 1858；*Rhizosolenia striata* Greville, 1865；*Rhizosolenia shrubsolei* Cleve, 1881；*Rhizosolenia imbricata* var. *striata* (Greville) Grunow, 1882；*Rhizosolenia stlantica* Peragallo, 1892；*Rhizosolenia pacifica* Peragallo, 1892；*Rhizosolenia imbricata* var. *shrubsolei* (Cleve) Schröder, 1906；*Rhizosolenia imbricata* f. *tenuissima* Manguin, 1960；细覆瓦根管藻

物种特征： 细胞长柱状，壳面呈较低矮的斜锥状，锥顶生一短刺，刺基部中空，其左右两侧具侧翼。间插带鳞状，排成左右 2 个纵列。细胞直径 20 μm 左右。色素体小颗粒状，多数，靠近细胞壁分布。本变种较原变种细胞直径稍细，刺和翼也较小。

生态特征及分布： 本种为广布种。中国黄海、东海和南海均有分布。

20 μm 20 μm 20 μm

伯氏根管藻 *Rhizosolenia bergonii* Péragallo, 1892

同种异名: *Rhizosolenia amputata* Ostenfeld, 1903;
Rhizosolenia stricta Karsten, 1906; *Rhizosolenia bergonii*
f. *bidens* (Karsten) Gaarder, 1951; 培氏根管藻; 锥端根
管藻

物种特征: 细胞圆筒状,通常单个生活。壳面延
长呈圆锥状,其上有一末端平截的中空短凸起。色素
体小颗粒状,多数。

生态特征及分布: 本种为暖水性广布种。中国黄
海、东海和南海均有分布。

20 μm

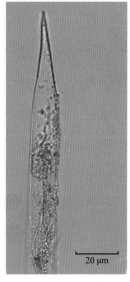

20 μm

粗根管藻 *Rhizosolenia robusta* Norman, 1861

同种异名： *Rhizosolenia sigama* Schütt, 1839；*Calyptrella robusta* (Norman ex Ralfs) Hernández-Becerril & Castillo, 1996；粗壮新根管藻 *Neocalyptrella robusta* (Norman ex Ralfs) Hernández-Becerril & Meave, 1997

物种特征： 细胞弯月形或略呈 S 形。壳面凸起呈圆锥状，其上生一小刺。节间带领状，明显。色素体小颗粒状，多数。相比其他根管藻，本种更粗短，特征比较鲜明。

生态特征及分布： 本种为广布种。中国渤海、黄海、东海和南海均有分布。

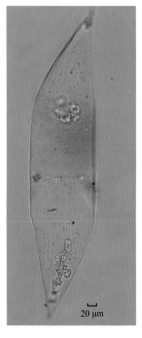
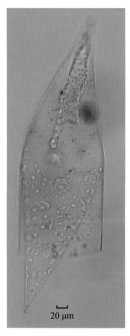

刚毛根管藻 *Rhizosolenia setigera* Brightwell, 1858

同种异名：*Rhizosolenia japonica* Castracane, 1886；*Rhizosolenia hensenii* Schütt, 1900；*Rhizosolenia setigera* var. *kariana* Henckel, 1925；*Sundstroemia setigera* (Brightwell) Medlin, 2021

物种特征：细胞圆柱状，壳面斜圆锥状，其上生一实心长刺，基刺长、粗而坚固。细胞通常单个生活，偶尔组成短链。色素体小板状，多数。

生态特征及分布：本种为广盐性广布种。中国渤海、黄海、东海和南海均有分布。

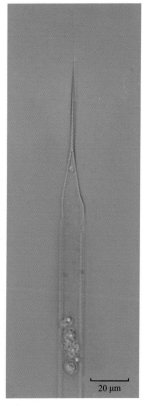

笔尖形根管藻 *Rhizosolenia styliformis* Brightwell, 1858

同种异名：*Rhizosolenia styliformis* var. *styliformis* Brightwell, 1858；*Rhizosolenia semispina* Karsten, 1905；*Rhizosolenia styliformis* var. *polydactyla* van Heurck, 1909；笔尖形根管藻长棘变种 / 长笔尖形根管藻 *Rhizosolenia styliformis* var. *longispina* Hustedt, 1914；*Rhizosolenia semispina* Pavillard, 1925；*Rhizosolenia styliformis* f. *bidens* Heiden & Kolve, 1928；*Rhizosolenia styliformis* var. *semispina* Wimpenny, 1946

物种特征：细胞长圆筒状，壳面呈斜圆锥状，顶端有小刺，其基部膨大为圆锥状，中空，两侧生翼。节间带背腹排列。色素体小颗粒状，多数。

生态特征及分布：本种为广布种。中国渤海、黄海、东海和南海均有分布。

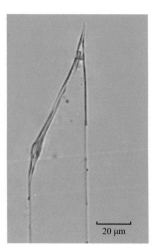

透明根管藻 *Rhizosolenia hyalina* Ostenfeld, 1901

同种异名： *Rhizosolenia pellucida* Cleve, 1901

物种特征： 细胞圆柱状，常单个生活，壳面锥状，其上生一基部中空的刺，刺末端尖并稍弯曲，两侧翼不明显。色素体小颗粒状，多数。

生态特征及分布： 本种为暖水性广布种。中国东海和南海均有分布。

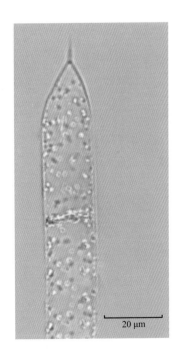

20 μm

假管藻属 *Pseudosolenia* Sundström, 1986

距端假管藻 *Pseudosolenia calcaravis* (Schultze) Sundström, 1986

同种异名: 距端根管藻 *Rhizosolenia calcar-avis* Schultze, 1858；*Rhizosolenia cochlea* Brun, 1891；*Rhizosolenia calcar-avis* var. *cochlea* Brun, 1891；*Rhizosolenia calcar-avis* var. *cochlea* (Brun), Ostenfeld, 1902；*Rhizosolenia calcar-avis* f. *lata* Schröder, 1911；*Rhizosolenia calcar-avis* f. *gracilis* Schröder, 1911

物种特征: 细胞近圆筒状, 壳面锥形突起向一侧微弯, 突起上生一中空刺, 亦稍弯曲伸出。色素体小颗粒状, 多数。

生态特征及分布: 本种为暖水性广布种。中国渤海、黄海、东海和南海均有分布。

20 µm

20 µm

盒形硅藻目 Biddulphiales

辐杆藻科 Bacteriastraceae

辐杆藻属 *Bacteriastrum* Shadbolt, 1854

透明辐杆藻 *Bacteriastrum hyalinum* Lauder, 1864

同种异名: *Actiniscus varians* (Lauder) Grunow, 1882; *Bacteriastrum spirillum* Castracane, 1886; *Bacteriastrum varians* var. *princeps* Castracane, 1886; *Bacteriastrum varians* var. *borealis* Ostenfeld, 1901; *Bacteriastrum solitarium* Mangin, 1913; *Bacteriastrum hyalinum* var. *princeps* (Castrachane) Ikari, 1927; *Bacteriastrum varians* f. *hyalina* (Lauder) Frenguelli, 1928; *Chaetoceros spirillum* (Castracane) De Toni null

物种特征: 细胞短圆柱状, 链内刺毛与链轴垂直射出, Y 形刺基部短于分叉部。刺基部相当于细胞的直径, 分叉部无波状弯曲, 链两端刺毛较粗壮, 形态相同, 弯向链内, 呈伞状。

生态特征及分布: 本种为广布种。中国渤海、黄海、东海和南海均有分布。

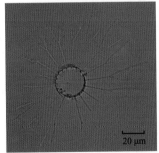

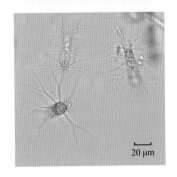

小辐杆藻 *Bacteriastrum minus* Karsten, 1906

物种特征： 细胞短圆柱状，环面观细胞的高远小于宽，通常为宽的 1/2。群体链直，壳面圆，略凸。链内刺毛短而纤细，着生于壳面内侧，斜向外放射伸出，经一段距离与邻细胞刺毛交会，细胞间隙明显可见。链两端刺毛同形。色素体小盘状，多数。

生态特征及分布： 本种为广布种。中国东海和南海有分布。

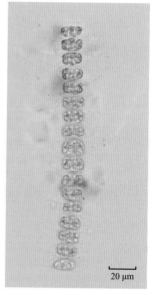

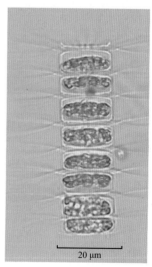

角毛藻科 Chaetoceroceae

角毛藻属 *Chaetoceros* Ehrenberg, 1844

窄隙角毛藻 *Chaetoceros affinis* Lauder, 1864

同 种 异 名: *Chaetoceros affine* Lauder, 1864；*Chaetoceros javanicus* Cleve, 1873；*Chaetoceros ralfsii* Cleve, 1873；*Chaetoceros schuttii* Cleve, 1894；*Chaetoceros angulatus* Schütt, 1895；*Chaetoceros distichus* Schütt, 1895；*Chaetoceros procerus* Schütt, 1895；*Chaetoceros paradoxus* var. *schuttii* Schütt, 1896；*Chaetoceros rafsii* var. Karsten, 1907；*Chaetoceros schuttii* var. *genuine*, Meunier, 1913；*Chaetoceros najadianus* Schussing, 1915；*Chaetoceros adriaticus* Schussing, 1915；*Chaetoceros schuttii* Cleve null

物种特征：细胞链直，宽壳环面长方形，角尖，相邻细胞的角常相接触。角毛细，向两侧直伸，端角毛粗大，呈马蹄形弯曲，并具细刺。细胞间隙小，中央部分略窄。色素体片状，1个。

生态特征及分布：本种为广布种。中国渤海、黄海、东海和南海均有分布。

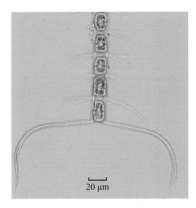

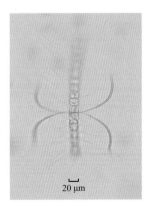

20 μm   20 μm   20 μm

卡氏角毛藻 *Chaetoceros castracanei* **Karsten, 1905**

同种异名： *Chaetoceros* sp. Castracane, 1886；*Chaetoceros impressus* Jensen & Moestrup, 1998

物种特征： 细胞链短而直，链上细胞排列紧密，常依链轴而扭转。细胞间隙极小，角毛与链轴近似垂直方向伸出，从基部由细变粗，自细胞角部生出后约 18 μm 的一段（约占角毛全长的 1/10）完全平滑，其后段生小刺。色素体小颗粒状，多数，细胞及角毛内均有分布。

生态特征及分布： 本种为近海种。中国渤海、黄海、东海和南海均有分布。

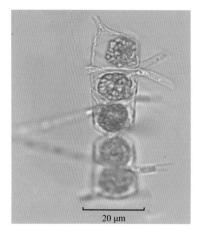
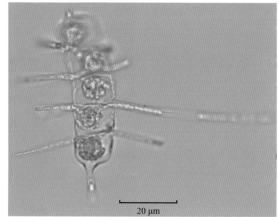

紧挤角毛藻 *Chaetoceros coarctatus* **Lauder, 1864**

同种异名： *Chaetoceros borealis* var. *rudis* Cleve 1897；*Chaetoceros rudis* Cleve 1901；密聚角毛藻

物种特征： 细胞近圆筒状，壳面为椭圆形，平坦。细胞宽壳环面观长方形，高大于宽，细胞间隙很窄。链两端角毛形态不同，链前端角毛与链内角毛同型；链后端角毛粗壮，弯曲如镰刀状。角毛上的小刺明显。色素体小颗粒状，多数，细胞及角毛内均有。本种上常附有钟形虫。

生态特征及分布： 本种为暖水性广布种。中国渤海、黄海、东海和南海均有分布。

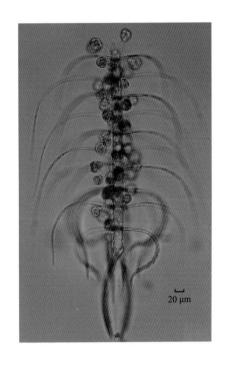

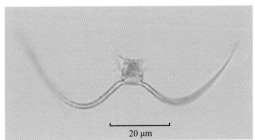

旋链角毛藻 *Chaetoceros curvisetus* Cleve, 1889

同种异名: *Chaetoceros apec.* Schütt, 1889; *Chaetoceros cochlea* Schütt, 1895

物种特征: 细胞链长,呈螺旋状弯曲。细胞宽壳环面长方形,壳面凹,细胞间隙纺锤形或近似圆形。角毛细而平滑,自细胞角部生出,皆弯向链凸起的一侧,端角毛与其他角毛无明显的差别。色素体1个。

生态特征及分布: 本种为广布种。中国渤海、黄海、东海和南海均有分布。

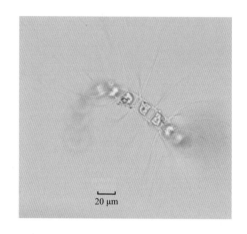

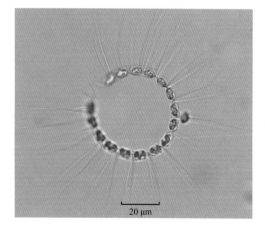

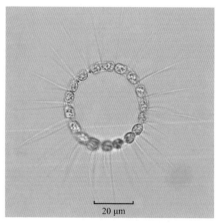

柔弱角毛藻 *Chaetoceros debilis* Cleve, 1894

同种异名： *Chaetoceros debile* Cleve, 1894；*Chaetoceros vermiculus* Schütt, 1895；*Chaetoceros vermiculus* var. *typica* Schütt, 1895；*Chaetoceros vermiculus* var. *curvata* Schütt, 1895；*Chaetoceros debilis* Cleve, 1894 emend Xu, Y. Li & Lundholm in Xu et al., 2020

物种特征： 细胞链螺旋弯曲状，细胞宽壳环面长方形，宽大于高。壳面平或略凸，细胞间隙小，长方形。角毛细而弯，自细胞角部稍向内生出，经一短距离后，与邻细胞角毛相会，然后呈弧状弯曲，向螺旋状链凸起的方向与链轴垂直伸出，端角毛与其他角毛相同。色素体大片状，1个。

生态特征及分布： 本种为广布种。中国渤海、黄海、东海和南海均有分布。

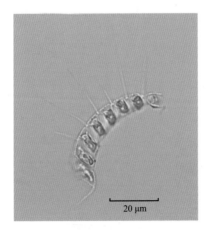
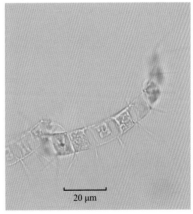

并基角毛藻 *Chaetoceros decipiens* Cleve, 1873

同 种 异 名: *Chaetoceros decipiens* var. *concreta* Grunow, 1880; *Chaetoceros concreta* Engler, 1883; *Chaetoceros grunowii* Schütt, 1895; *Chaetoceros decipiens* f. *singularis* Gran, 1904; *Chaetoceros decipiens* var. *divatricata* Schussning, 1915; *Chaetoceros decipiens* var. *grunowii* (Schütt) Cleve null

物种特征: 本种特征与劳氏角毛藻非常相似，但是本种壳套大都低于细胞高度的 1/3。另外，劳氏角毛藻角毛粗短而坚硬，没有基部，而本种角毛从细胞角部长出且与链轴垂直，其黏合部一段为角毛直径长度的 2~3 倍。色素体盘状，4~10 个。

生态特征及分布: 本种为广布种。中国渤海、黄海、东海和南海均有分布。

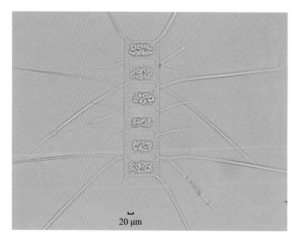

20 μm

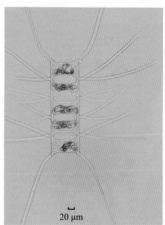

20 μm

密连角毛藻 *Chaetoceros densus* (Cleve) Cleve, 1899

同种异名: *Chaetoceros borealis* var. *brightwellii* Cleve, 1873; *Chaetoceros borealis* var. *densus* Cleve, 1897; *Chaetoceros densum* (Clever) Cleve, 1899; *Chaetoceros aequatorialis* Yendo, 1905; *Chaetoceros densus* f. *solitria* Pavillard, 1905; 密联角毛藻

物种特征: 细胞宽壳环面长方形,细胞间隙呈甚小的梭形,端细胞外侧壳面中央生一小刺,而内侧壳面和链内细胞壳面无小刺。角毛长而较粗,在基部少许距离外(60 μm 左右)即生 4 行小刺,角毛自细胞角部生出后即与邻细胞角毛相会弯向链的下端。色素体小颗粒状,多数,细胞及角毛内均有。

生态特征及分布: 本种为广布种。中国渤海、黄海、东海和南海均有分布。

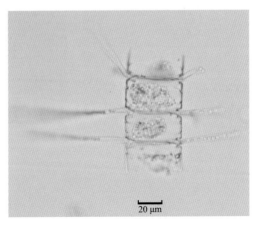

齿角毛藻 *Chaetoceros denticulatus* **Lauder, 1864**

同种异名： 细齿角毛藻

物种特征： 细胞群体成直链，细胞链短呈圆筒状，宽壳环面观长方形，宽小于高或宽与高近似相等，且壳套低于细胞高度的1/3，壳面中央有一小刺。链内两根角毛的交叉点内侧有齿状突起，细胞间隙小并呈纵列的菱形。角毛粗壮，生有横纹及小刺。色素体小颗粒状，多数，遍布于细胞及角毛内。

生态特征及分布： 本种为广布种。中国渤海、黄海、东海和南海均有分布。

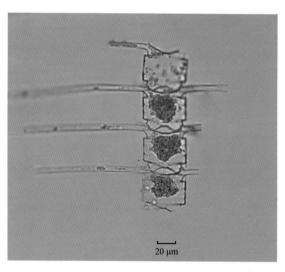

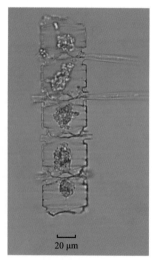

齿角毛藻瘦胞变型 *Chaetoceros denticulatus* **f.** *angusta* **Hustedt, 1920**

同种异名： *Chaetoceros denticulatus* f. *angustus* Hustedt ex Simonsen, 1987；狭面型细齿角毛藻；齿角毛藻狭面变型

物种特征： 本种与齿角毛藻的差别是细胞宽壳环面较狭，呈狭长方形，壳套低，与壳环带交界处有明显凹缢，壳环带高度占壳环面高度的1/2左右，细胞间隙呈狭长的菱形。

生态特征及分布： 本种为暖水性大洋种。中国东海和南海均有分布。

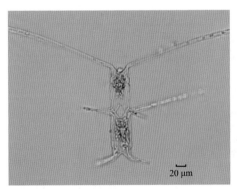
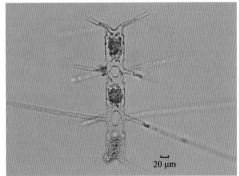

印度角毛藻 *Chaetoceros indicus* **Karsten, 1907**

物种特征： 群体成直链，常由 2~5 个细胞组成，宽 16~43 μm。壳套约占细胞高度的 1/3，与环带相接处有小凹沟。壳面椭圆形，中部略凹。细胞间隙呈凸透镜形至椭球形。角毛粗，生小刺，链内角毛基部有小突起。色素体颗粒状，多数。

生态特征及分布： 本种为暖水性近海种。中国东海和南海均有分布。

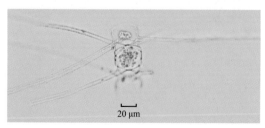

劳氏角毛藻 *Chaetoceros lorenzianus* Grunow, 1863

同种异名： *Chaetoceros cellulosus* Lauder, 1864；洛氏角毛藻

物种特征： 细胞链直而短。细胞宽环面长方形，四角尖。细胞间隙长椭球形，链内角毛粗壮，生有小刺和粗点纹，端角毛较链内角毛稍粗。休眠孢子初生壳有两锥形突起，顶端分枝，后生壳中部有 1 个或 2 个隆起，壳面平滑。色素体盘状，4~10 个。

生态特征及分布： 本种为广布种。中国渤海、黄海、东海和南海均有分布。

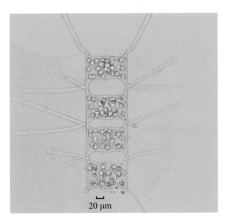
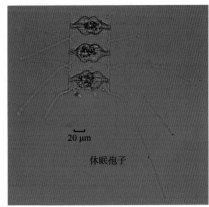

休眠孢子

短叉角毛藻 *Chaetoceros messanensis* **Castracane, 1875**

同 种 异 名: *Chaetoceros furca* Cleve, 1897; *Chaetoceros cornutus* Leuduger-Fortmorel, 1898; *Chaetoceros furca* var. *macroceros* Schröder, 1906; 短刺角毛藻

物种特征: 群体组成短直链, 细胞宽壳环面长方形, 细胞间隙大, 链内常形成粗壮角毛, 相邻细胞的粗角毛相交后愈合在一起, 末端呈钝角做两叉分出。色素体大片状, 1 个。

生态特征及分布: 本种为广布种。中国黄海、东海和南海均有分布。

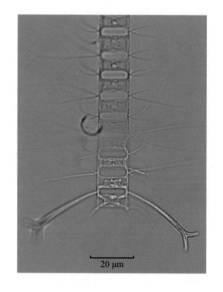

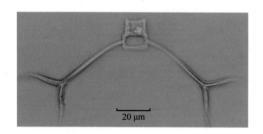

海洋角毛藻 *Chaetoceros pelagicus* Cleve, 1873

物种特征：细胞宽环面长方形，高大于宽，壳套高于细胞高度的1/3，与环带相接处无凹沟，壳面平或略凸。细胞间隙大，环面观呈四角形至六角形。色素体大片状，1 个。

生态特征及分布：本种为广布种。中国渤海、黄海、东海和南海均有分布。

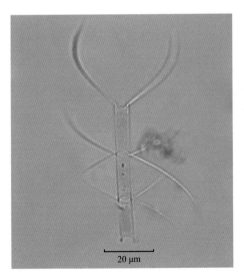
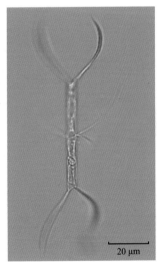

根状角毛藻 *Chaetoceros radicans* **Schütt, 1895**

同种异名: *Chaetoceros scolopendra* Cleve, 1896

物种特征: 细胞借角毛交叉而组成群体,群体呈直链或依链扭转排列,端细胞没有异形。角毛细弱,上面密生许多小刺,角毛由壳缘稍内侧斜射而出,交叉处比较纤细,然后向横轴方向伸出,因此,通常看到窄壳环面。色素体1个。

生态特征及分布: 本种为广布种。中国渤海、黄海、东海和南海均有分布。

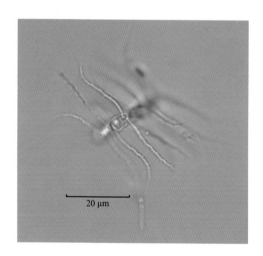

20 μm

范氏角毛藻 *Chaetoceros vanheurckii* **Gran, 1897**

物种特征： 细胞链直，细胞宽壳环面近四方形，壳面椭圆形，中央稍微下凹。端细胞中央有小棘，端角毛明显比链内角毛粗壮。色素体 2 个。

生态特征及分布： 本种为广布种。中国渤海、黄海和东海均有分布。

 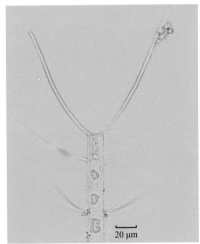

盒形藻科 Biddulphiaceae

齿状藻属 *Odontella* Agardh, 1832

中华齿状藻 *Odontella chinensis* (Greville) Grunow, 1884

同种异名： 中华盒形藻 / 中国盒形藻 *Biddulphia chinensis* Greville, 1866；*Biddulphia sinensis* Greville, 1866；*Odontella sinensis* (Greville) Grunow, 1884；*Denticella chinensis* (Greville) Toni, 1894；*Zygoceros chinensis* (Greville) Cleve, 1901；中国三桨舰藻 *Trieres chinensis* (Greville) Ashworth & Theriot, 2013

物种特征： 细胞呈面粉袋状，借助刺插入邻近细胞，形成短的直链，大多数单个生活。宽壳环面为长方形或者近方形，狭壳环面为长椭圆形。从细胞四角伸出细长的棒状突起，突起平行于壳环轴或稍弯向细胞内侧，突起内侧生一中空长刺，中空长刺几乎平行。色素体小颗粒状，多数。

生态特征及分布： 本种为广布种，有温带型和热带型之分。中国渤海、黄海、东海和南海均有分布。

分类地位概述： 本种的分类地位一直存在较大争议。金德祥等（1965）和郭玉洁（2003）将本种定为盒形藻科盒形藻属中华盒形藻 / 中国盒形藻，杨世民和董树刚（2006）将本种定为盒形藻科齿状藻属中华齿状藻，WoRMS 将本种定为中华齿状藻，而 AlgaeBase 则将本种定为 Parodontellaceae 科三桨舰藻属中国三桨舰藻。Ashworth 等（2013）利用分子系统学技术（分子标志技术）

结合传统特征描述详细描述了本种的分类归属问题，专门设立了一新属——三桨舰藻属 *Trieres* (Greville) Ashworth & Theriot, 2013。本书采用杨世民和董树刚（2006）的说法。

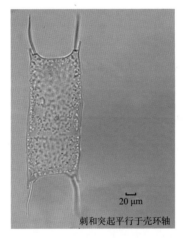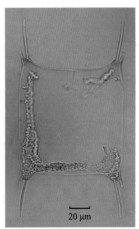

刺和突起平行于壳环轴

20 μm

20 μm

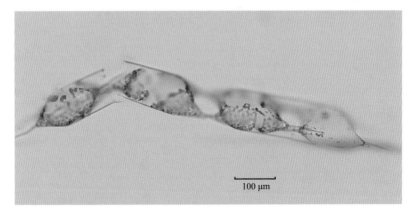

100 μm

活动齿状藻 *Odontella mobiliensis* **(Bailey) Grunow, 1884**

同种异名: *Zygoceros mobiliensis* Bailey, 1851; *Denticella mobiliensis* (Bailey) Ehrenberg, 1853; 活动盒形藻 *Biddulphia mobiliensis* (Bailey) Grunow, 1882; 活动三桨舰藻 *Trieres mobiliensis* (Bailey) Ashworth &Theriot, 2013

物种特征: 细胞单个生活, 壳面为椭圆形, 扁平壳套约占细胞高度的 1/4。壳面两端各生一细长突起, 4 个突起呈对角线方向伸出, 角内侧较远处生有刺, 刺方向与突起方向相同。色素体小颗粒状, 多数。

生态特征及分布: 本种为广布种。中国渤海、黄海、东海和南海均有分布。

分类地位概述: 本种的分类地位有一定争议。金德祥等 (1965) 和郭玉洁 (2003) 将本种定为盒形藻科盒形藻属活动盒形藻, 杨世民和董树刚 (2006) 将本种定为盒形藻科齿状藻属活动齿状藻, AlgaeBase 则将本种定为 Parodontellaceae 科三桨舰藻属活动三桨舰藻, WoRMS 将本种定为 Triceratiaceae 科齿状藻属活动齿状藻。本书采用杨世民和董树刚 (2006) 的说法。

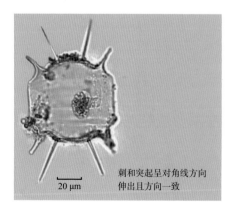

20 μm

刺和突起呈对角线方向
伸出且方向一致

高齿状藻 *Odontella regia* (Schultze) Simonsen, 1974

同种异名: *Denticella regia* Schultze, 1858; 高盒形藻 *Biddulphia regia* (Schultze) Ostenfeld, 1908; 高三桨舰藻 *Trieres regia* (Schultze) Ashworth & Theriot, 2013

物种特征: 细胞形状大小和中华齿状藻基本相似。壳面的突起向外射出，这与活动齿状藻类似，刺亦呈射出状，着生点的位置介于中华齿状藻和活动齿状藻之间。色素体小颗粒状，多数。

生态特征及分布: 本种为广布种。中国渤海、黄海、东海和南海均有分布。

分类地位概述: 本种的分类地位有一定争议。金德祥等（1965）和郭玉洁（2003）将本种定为盒形藻科盒形藻属高盒形藻，杨世民和董树刚（2006）将本种定为盒形藻科齿状藻属高齿状藻，AlgaeBase 则将本种定为 Parodontellaceae 科三桨舰藻属高三桨舰藻，WoRMS 将本种定为 Triceratiaceae 科齿状藻属高齿状藻。本书采用杨世民和董树刚（2006）的说法。

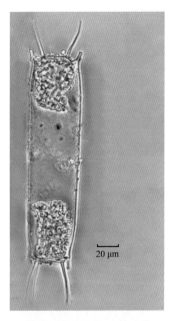

20 μm

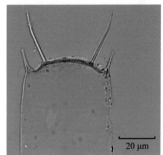

20 μm

钝角齿状藻 *Odontella obtusa* **Kützing, 1844**

同种异名： 钝头盒形藻 / 钝角盒形藻 *Biddulphia obtusa* Kützing, 1844；

Biddulphia roperiana Greville, 1859；*Biddulphia obtusa* (Kützing) Ralfs, 1861；

Biddulphia obtusa f.*obtusa*（Kützing）Ralfs in Pritchard, 1861；*Biddulphia*

roperiana f. *obtusa* (Kützing) Frenguelli, 1930；*Biddulphia aurita* var. *obtusa*

(Kützing) Hustedt, 1930；*Biddulphia roperiana* var. *obtusa* (Kützing) Frenguelli,

1938；*Odontella aurita* var. *obtusa* (Kützing) Denys, 1982；钝头齿状藻

物种特征： 藻体细胞各隅突起粗短，基部膨大，末端钝圆形，借胶质结
成锯齿状的短链。壳套与环带间有明显凹缢。色素体小卵形，多数。

生态特征及分布： 本种是广布种。中国渤海、黄海、东海和南海均有分布。

分类地位概述： 本种的分类地位有一定争议。金德祥等（1965）和
郭玉洁（2003）将本种定为盒形藻科盒形藻属钝头盒形藻 / 钝角盒形藻，
AlgaeBase 则将本种定为齿状藻科齿状藻属钝头齿状藻，WoRMS 将本种定为
Triceratiaceae 科齿状藻属高齿状藻。本书将本种定为盒形藻科齿状藻属钝角
齿状藻。

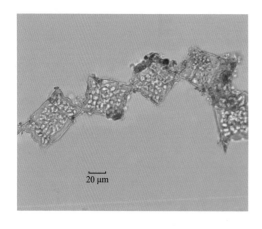

20 μm

盒形藻属 *Biddulphia* Gray, 1821

正盒形藻 *Biddulphia biddulphiana* (Smith) Boyer, 1900

同种异名: *Conferva biddulphiana* Smith, 1807; 美丽盒形藻 *Biddulphia pulchella* Gray, 1821; *Diatoma liber* Suhr, 1831; *Diatoma interstitialis* Agardh, 1832; *Biddulphia quinqueloucularis* Kützing, 1844; *Biddulphia septemlocularis* Kützing, 1844; *Biddulphia biddulphiana* Smith, 1807

物种特征: 细胞常呈锯齿状群体,壳面椭圆形,中央隆起,其上生 2~3 根小刺,边缘呈波状,壳面两极生瘤状突。细胞间常通过瘤状突分泌的胶质相连成锯齿状群体。色素体小板状,多数。

生态特征及分布: 本种是广布种。中国渤海、黄海、东海和南海均有分布。

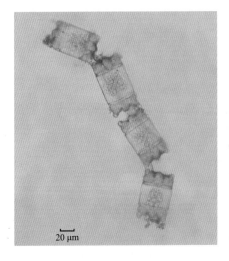

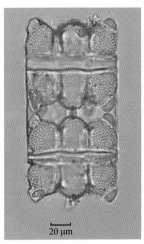

菱面盒形藻 *Biddulphia rhombus* **(Ehrenberg) Smith, 1854**

同种异名：*Zygoceros rhombus* Ehrenberg, 1839；菱形盒形藻 *Biddulphia rhombus* (Ehrenberg) Smith, 1856；*Odontella rhombus* (Ehrenberg) Kützing, 1849；*Biddulphia rhombus* var. *typica* Cleve-Euler, 1951；*Odontella rhomboids* Jahn & Kusber, 2004

物种特征：细胞壳面菱形或椭圆形。宽壳环面观长方形，壳面隆起，其上小刺明显，壳面中部生 1~2 根长刺，壳面两端各生一突起，突起基部粗壮。壳套与环带间有明显凹缢。细胞壁厚，孔纹清晰。色素体小颗粒状，多数。

生态特征及分布：本种是近海底栖种，偶尔进入浮游生物种群。中国黄海、东海和南海均有分布。

分类地位概述：本种的分类地位存在一定争议。AlgaeBase 将其定为 Eupodiscaceae 科 *Zygoceros* 属 *Zygoceros rhombus* Ehrenberg, 1839，WoRMS 和国内学者则比较一致地将本种定为盒形藻科盒形藻属菱面盒形藻。本书采用国内学者的看法。

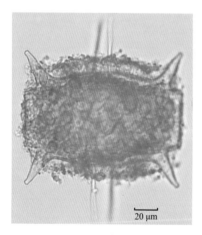
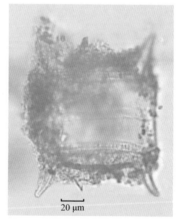

半管藻属 *Hemiaulus* Heiberg, 1863

中华半管藻 *Hemiaulus sinensis* Greville, 1865

同种异名： *Hemiaulus chinensis* Greville, 1865；中国半管藻

物种特征： 细胞断面宽椭圆形，通常组成弯链，甚至呈螺旋状。壳面中央略凹，其隅角有较粗的突起，与轴平行。

生态特征及分布： 本种为广布种。中国渤海、黄海、东海、南海均有分布。

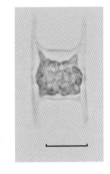

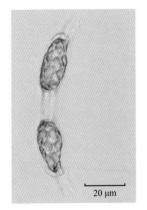

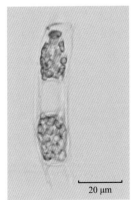

三角藻属 *Triceratium* Ehrenberg, 1839

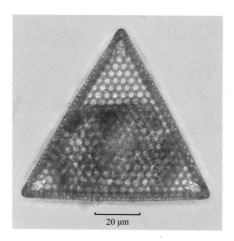

蜂窝三角藻 *Triceratium favus* Ehrenberg, 1839

同种异名： *Biddulphia favus* (Ehrenberg) Heurck, 1885；*Odontella favus* (Ehrenberg) Cleve, 1901；*Odontella favus* (Ehrenberg) Péragallo, 1903；*Triceratium favus* f. *typica* Cleve-Euler, 1951

物种特征： 细胞形似三角形的低壁盒子，壳面三角形，各边直或略凸，壳纹大小一致，呈六角形，粗大，与各边平行排列。

生态特征及分布： 本种为近海种（潮间带）。中国渤海、黄海、东海和南海均有分布。

双尾藻属 *Ditylum* Bailey & Bailey, 1861

布氏双尾藻 *Ditylum brightwellii* (West) Grunow, 1881

同种异名：*Triceratium brightwellii* West, 1860；*Ditylum trigonum* Bailey ex Bailey, 1862；*Ditylum inaequale* Bailey ex Bailey, 1862

物种特征：细胞单个生活，常为三棱柱状体，壳面通常为三角形。三角形壳面列生冠状小刺，中央生一中空大刺，刺末端平截。色素体小颗粒状，多数。

生态特征及分布：本种为广布种。中国渤海、黄海、东海和南海均有分布。

分类地位概述：本种的分类地位存在一定争议。AlgaeBase 和 WoRMS 将其定为石丝藻科 Lithodesmiaceae 双尾藻属布氏双尾藻，国内大部分学者则将本种定为盒形藻科双尾藻属布氏双尾藻。

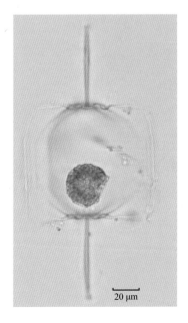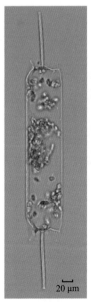

20 μm　　20 μm　　20 μm

中鼓藻属 *Bellerochea* Heurck, 1885

钟形中鼓藻 *Bellerochea horologicalis* Stosch, 1977

物种特征： 藻体细胞环面观近长方形。细胞链沿细胞壳面切顶轴方向螺旋状弯曲，故通常看到细胞的窄环面观。

生态特征及分布： 本种为暖水性近海种。中国东海和南海均有分布。

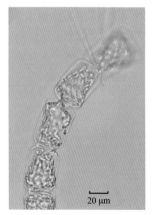

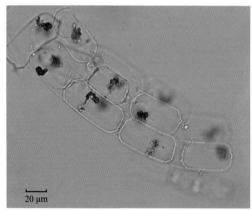

真弯藻科 Eucampiaceae

弯角藻属 *Eucampia* Ehrenberg, 1839

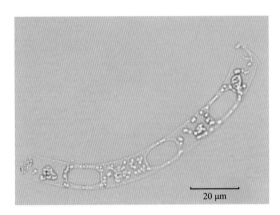

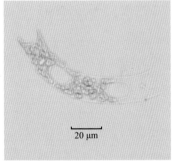

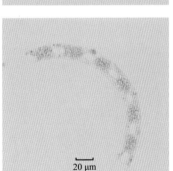

长角弯角藻 *Eucampia cornuta* (Cleve) Grunow, 1883

同种异名： *Moelleria cornuta* Cleve 1873；*Neomoelleria cornuta* (Cleve) Blanco & Wetzel, 2016；角状弯角藻

物种特征： 细胞壳环面观呈略微弯曲的"工"字形。顶端轴两端各一突起且甚长，顶端截平，与相邻细胞突起相连，形成螺旋状群体。细胞间隙宽大，卵圆形或近于方形，细胞节间带较多，环面花纹明显。色素体小，多数。

生态特征及分布： 本种为暖水性广布种。中国黄海、东海和南海均有分布。

短角弯角藻 *Eucampia zodiacus* Ehrenberg, 1839

同种异名： *Eucampia britannica* Smith, 1856；*Eucampia nodosa* Schmidt, 1888；浮动弯角藻

　　物种特征： 细胞壳环面中部凹下，形似"工"字。壳面为长椭圆形，中央凹入。顶端轴两端各一短角，一边稍长，另一边稍短。短角顶端平截，与相邻细胞短角相连，形成螺旋状群体。色素体小盘状，多数。

　　生态特征及分布： 本种为广布种。中国渤海、黄海、东海和南海均有分布。

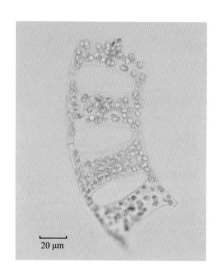

20 μm

旋鞘藻属 *Helicotheca* Ricard, 1987

泰晤士旋鞘藻 *Helicotheca tamesis* (Shrubsole) Ricard, 1987

同种异名： 泰晤士扭鞘藻 / 扭鞘藻 *Streptotheca tamesis* Shrubsole, 1891

物种特征： 细胞很扁，宽壳环面观长方形，壳面呈线性，相邻细胞通过壳面紧密相连并扭转形成群体，每个细胞的上下壳面扭转近 90°，很像一条扭转的纸条。色素体小颗粒状，多数。

生态特征及分布： 本种为广布种。中国渤海、黄海、东海和南海均有分布。

分类地位概述： 本种的分类地位存在一定争议。AlgaeBase 和 WoRMS 将其定为 Lithodesmiaceae 科旋鞘藻属泰晤士旋鞘藻，金德祥等（1965）将其定为弯角藻科扭鞘藻属扭鞘藻，郭玉洁（2003）将其定为真弯藻科扭鞘藻属泰晤士扭鞘藻，杨世民和董树刚（2006）则将本种定为真弯藻科旋鞘藻属泰晤士旋鞘藻。本书采用杨世民和董树刚（2006）的说法。

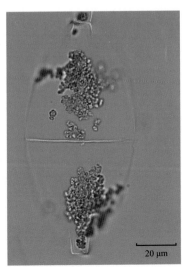

20 μm   20 μm

羽纹纲 Pennatae

无壳缝目 Araphidiales

脆杆藻科 Fragilariaceae

海线藻属 *Thalassionema* Grunow & Mereschkowsky, 1902

佛氏海线藻 *Thalassionema frauenfeldii* (Grunow) Tempère & Péragallo, 1910

同种异名： *Asterionella frauenfeldii* Grunow, 1863；佛氏海毛藻 *Thalassiothrix frauenfeldii* (Grunow) Grunow, 1880；伏氏海毛藻 *Thalassiothrix frauenfeldii* (Grunow) Grunow in Cleve & Grunow, 1880；*Thalassiothrix frauenfeldii* var. *frauenfeldii* (Grunow) Grunow in Cleve & Grunow, 1880；*Thalassiothrix frauenfeldii* Cleve, 1894；*Thalassionema frauenfeldii* var. *frauenfeldii* (Grunow) Tempère & Peragallo, 1910；*Thalassionema frauenfeldii* (Grunow) Hallegraeff, 1986；伏氏海线藻

物种特征： 细胞壳环面观棒状，壳面两端形态不同，一端圆钝，另一端较细，相邻细胞借胶质连成星状或齿状的群体。色素体小颗粒状，多数。

生态特征及分布： 本种为广布种。中国渤海、黄海、东海和南海均有分布。

分类地位概述： 金德祥等（1965）将其定为脆杆藻科海毛

20 μm

藻属佛氏海毛藻，程兆第和高亚辉（2012）将其定为等片藻科海毛藻属伏氏海毛藻，杨世民和董树刚（2006）将其定为脆杆藻科海线藻属佛氏海线藻 *Thalassionema frauenfeldii* (Grunow) Hallegraeff 1986，AlgaeBase 和 WoRMS 则将此种定为海线藻科海线藻属佛氏海线藻 *Thalassionema frauenfeldii* (Grunow) Tempère & Péragallo, 1910。本书采用 AlgaeBase 和 WoRMS 的说法。

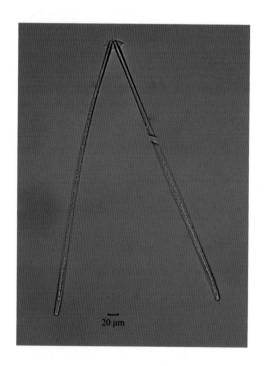

菱形海线藻 *Thalassionema nitzschioides* **(Grunow) Mereschkowsky, 1902**

同 种 异 名：*Synedra nitzschioides* Grunow, 1862；*Synedra nitzschioides* f. *nitzschioides* Grunow, 1862；*Thalassiothrix nitzschioides* (Grunow) Grunow, 1881；*Thalassiothrix nitzschioides* var. *nitzschioides* (Grunow) Grunow in Heurck, 1881；*Synedra nitzschioides* var. *minor* Cleve, 1883；*Thalassiothrix curvata* Castracane, 1886；*Thalassionema nitzschioides* f. *nitzschioides* (Grunow) Heurck, 1896；*Thalassiothrix fraunfeldii* var. *nitzschioides* (Grunow) Jørgensen, 1900；*Thalassionema nitzschioides* Grunow, 1885；*Thalassiothrix nitzschioides* var. *javanica* Grunow null

物种特征： 细胞壳环面短棒状，壳面两端形态相同，末端圆钝。相邻细胞借胶质连成星状或锯齿状的群体。色素体小颗粒状，多数。

生态特征及分布： 本种为广布种。中国渤海、黄海、东海和南海均有分布。

分类地位概述： 程兆第和高亚辉（2012）将其定为等片藻科海线藻属菱形海线藻原变种，金德祥等（1965）与杨世民和董树刚（2006）将其定为脆杆藻科海线藻属菱形海线藻，AlgaeBase 和 WoRMS 则将此种定为海线藻科海线藻属菱形海线藻。本书将此种定为脆杆藻科海线藻属菱形海线藻。

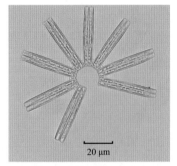

20 μm

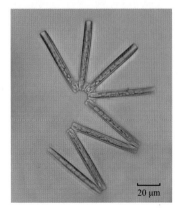

20 μm

平板藻科 Tabellariaceae

斑条藻属 *Grammatophora* Ehrenberg, 1840

海生斑条藻 *Grammatophora marina* (Lyngbye) Kützing, 1844

同种异名: *Diatoma marina* Lyngbye, 1819；*Candollella marina* (Lyngbye) Gaillon, 1833

物种特征: 细胞壳环面长方形,四角圆。相邻细胞借壳面一端分泌的胶质连成锯齿状或者星状群体。细胞内生2个长假隔片,假隔片一端生于相连带,一端游离,基部有1个明显的波状弯曲。色素体块状,多数。

生态特征及分布: 本种为广布种,附生在海藻或底栖动物上,偶尔进入浮游生物种群。中国渤海、黄海、东海和南海均有分布。

分类地位概述: 金德祥等（1965）与杨世民和董树刚（2006）将其定为平板藻科斑条藻属海生斑条藻,程兆第和高亚辉（2012）将其定为等片藻科斑条藻属海生斑条藻,AlgaeBase将此种定为斑条藻科斑条藻属海生斑条藻,WoRMS则将此种定为Striatellaceae科斑条藻属海生斑条藻。本书采用杨世民和董树刚（2006）的说法。

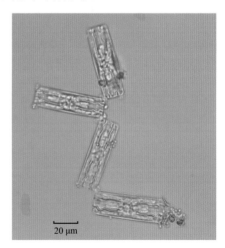

楔形藻属 *Licmophora* Agardh, 1827

短楔形藻 *Licmophora abbreviata* Agardh, 1831

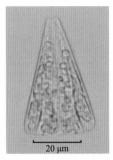

20 μm

同种异名：*Podosphenia abbreviata* (Agardh) Ehrenberg, 1838；*Rhipidophora abbreviata* (Agardh) Kützing, 1844；*Licmophora lyngbyei* var. *abbreviata* (Agardh) Grunow, 1881；*Licmophora lyngbyei* f. *abbreviata* (Agardh) Frenguelli, 1930；短纹楔形藻

物种特征：细胞三角形或者扇形，宽壳环面观楔形。窄端常分泌胶质附着于其他物体上，宽端游离。节间带弯曲。色素体椭圆形，多数。

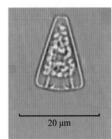

20 μm

生态特征及分布：本种为近海附着性种。中国渤海、黄海、东海和南海均有分布。

分类地位概述：金德祥等（1965）与杨世民和董树刚（2006）将其定为平板藻科楔形藻属短楔形藻，程兆第和高亚辉（2012）将其定为等片藻科楔形藻属短纹楔形藻，AlgaeBase 和 WoRMS 将此种定为楔形藻科楔形藻属海生斑条藻。本书采用杨世民和董树刚（2006）的说法。

杆线藻属 *Rhabdonema* Kützing, 1844

亚得里亚海杆线藻 *Rhabdonema adriaticum* Kützing, 1844

物种特征：细胞侧扁，大型，常由壳面连成扁带状群体，细胞内具伪隔片，伪隔片弓形弯曲。色素体片状，聚集成星形。

生态特征及分布：本种为附着性种，浮游生物种群中常见。中国渤海、黄海、东海和南海均有分布。

分类地位概述：金德祥等（1965）与杨世民和董树刚（2006）将其定为平板藻科杆线藻属亚得里亚海杆线藻，程兆第和高亚辉（2012）将其定为等片藻科杆线藻属亚得里亚海杆线藻，AlgaeBase 和 WoRMS 将此种定为杆线藻科杆线藻属亚得里亚海杆线藻。本书采用杨世民和董树刚（2006）的说法。

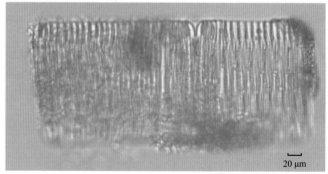

单壳缝目 Monoraphidinales

曲壳藻科 Achnanthaceae

曲壳藻属 *Achnanthes* Bory, 1822

长柄曲壳藻 *Achnanthes longipes* Agrardh, 1824

同种异名：*Conferva armillaris* Müller, 1783；*Echinella stipitata* Lyngbye, 1819；*Achnantella longipes* (Agardh) Gaillon, 1833；*Achnanthes armillaris* (Müller) Guiry, 2019

物种特征：细胞壳面长椭圆形，两侧凹入；肋纹 10 μm，肋纹 6~7 条，肋间有 2~3 行点纹。壳环面屈膝状，相邻细胞壳面紧密连接成群体，群体借胶质短柄附着于其他物体上。

生态特征及分布：本种为附着性种，受海流、潮汐、波浪等影响而营浮游生活。中国渤海、黄海、东海、南海均有分布。

100 μm

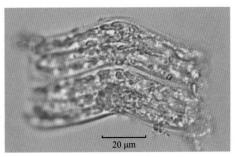

20 μm

双壳缝目 Biraphidinales

舟形藻科 Naviculaceae

曲舟藻属 *Pleurosigma* Smith, 1852

端尖曲舟藻 *Pleurosigma acutum* Norman & Ralfs, 1861

同种异名： 端尖斜纹藻

物种特征： 细胞壳面窄，呈狭长 S 形，末端很尖。点条纹斜向交叉成 60°~90° 角。色素体带状，2 个。

生态特征及分布： 本种为广布种。中国渤海、黄海、东海和南海均有分布。

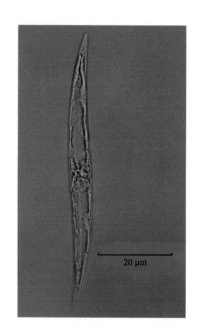

20 μm

宽角曲舟藻*Pleurosigma angulatum* (Quekett) Smith, 1853

同种异名: *Navicula angulata* Quekett, 1848; *Gyrosigma angulatum* (Quekett) Griffith & Henfrey, 1855; *Pleurosigma angulatum* var. *genuinum* Cleve-Euler, 1952; 宽角斜纹藻

物种特征: 细胞壳面舟形,有时中部略呈菱形,端钝或尖圆。壳缝位于中央或近端偏心。点条纹斜向交叉成 60° 角。

生态特征及分布: 本种为海水或半咸水广布种。中国渤海、黄海和东海均有分布。

20 μm

缪氏藻属 *Meuniera* Silva, 1996

膜状缪氏藻 *Meuniera membranacea* (Cleve) Silva, 1997

同种异名： 膜状舟形藻 *Navicula membranacea* Cleve，1897；*Stauropsis membranacea* (Cleve) Meunier，1910；*Stauroneis membranacea* (Cleve) Hustedt，1959

物种特征： 细胞壳环面观长方形，壳套与环带间有锯齿状小凹陷，壳面舟形，相邻细胞借壳面连成短直链。色素体长带状，2个。

生态特征及分布： 本种为广布种。中国渤海、黄海、东海和南海均有分布。

20 μm

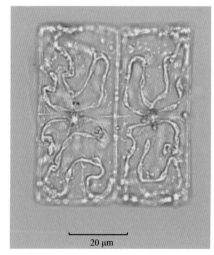

20 μm

桥弯藻科 Cymbellaceae

双眉藻属 *Amphora* Ehrenberg & Kützing, 1844

线形双眉藻 *Amphora lineolata* Ehrenberg, 1838

同种异名： *Amphora lineolata* Ehrenberg, nom. illeg.
1854；细线状双眉藻

物种特征： 细胞壳面近方形或椭圆形，具宽的截形
端，环带区有许多纵列纹。中节不扩大成"十"字形。
壳面的背侧部分具细的点条纹。

生态特征及分布： 本种为近海种。中国东海和南海
均有分布。

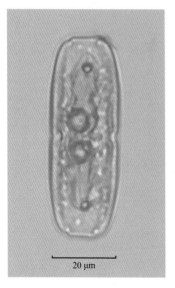

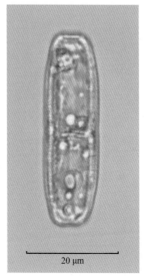

管壳缝目 Aulonoraphidinales

菱形藻科 Nitzschiaceae

菱形藻属 *Nitzschia* Hassall, 1845

长菱形藻 *Nitzschia longissima* (Brébisson) Ralfs, 1861

同种异名: *Ceratoneis longissima* Brébisson, 1849; *Nitzschia birostrata* Smith, 1853; *Nitzschiella longissima* (Brébisson) Rabenhorst, 1864; *Homoeocladia longissima* (Brébisson) Kuntze, 1898

物种特征: 细胞单个生活,壳面中央膨大,两端细长,直伸。色素体2个,分布于细胞中央部分。

生态特征及分布: 本种为广布种。中国渤海、黄海、东海和南海均有分布。

20 μm

20 μm

洛氏菱形藻 *Nitzschia lorenziana* **Grunow, 1880**

同种异名： 洛伦菱形藻

物种特征： 细胞壳面细长，两端朝相异方向弯曲呈 S 形，末端圆润。点条纹在壳面中央更明显，至两端排列更密。

生态特征及分布： 本种为近海种。中国渤海、黄海、东海和南海均有分布。

分类地位概述： 金德祥等（1965）与杨世民和董树刚（2006）将其定为菱形藻科菱形藻属洛氏菱形藻，AlgaeBase 将此种定为 Bacillariaceae 科菱形藻属 *Nitzschia incurva* var. *lorenziana* Ross, 1986，WoRMS 将此种定为 Bacillariaceae 科菱形藻属洛氏菱形藻。本书采用杨世民和董树刚（2006）的说法。

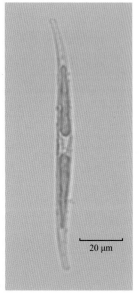

20 μm

20 μm

伪菱形藻属 *Pseudo-nitzschia* Péragallo, 1900

尖刺伪菱形藻 *Pseudo-nitzschia pungens* (Grunow ex Cleve) Hasle, 1993

同种异名： 尖刺菱形藻 *Nitzschia pungens* Grunow ex Cleve, 1897

物种特征： 细胞细长，呈梭形，两端尖，相邻细胞借壳面连成可以滑动的细胞链，最少相连部分为细胞长度的 1/4 至 1/3。色素体 2 个。

生态特征及分布： 本种为广布种。中国黄海、东海和南海均有分布。

分类地位概述： 金德祥等（1965）将其定为菱形藻科菱形藻属尖刺菱形藻，杨世民和董树刚（2006）将其定为菱形藻科伪菱形藻属尖刺伪菱形藻，AlgaeBase 和 WoRMS 将此种定为 Bacillariaceae 科伪菱形藻属尖刺伪菱形藻。本书采用杨世民和董树刚（2006）的说法。

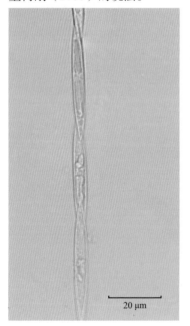

20 μm 20 μm 20 μm

柔弱伪菱形藻 *Pseudo-nitzschia delicatissima* (Cleve) Heiden, 1928

同种异名：柔弱菱形藻 *Nitzschia delicatissima* Cleve, 1897；*Homoeocladia delicatissima* (Cleve) Meunier, 1910；*Nitzschia actydrophila* Hasle, 1965

物种特征：与尖刺伪菱形藻很相似，但本种细胞较小，相连部分仅为细胞长度的1/7。细胞色素体片状，2个。

生态特征及分布：本种为广布种。中国黄海和东海均有分布。

分类地位概述：金德祥等（1965）将其定为菱形藻科菱形藻属柔弱菱形藻，杨世民和董树刚（2006）将其定为菱形藻科伪菱形藻属柔弱伪菱形藻，AlgaeBase 和 WoRMS 将此种定为 Bacillariaceae 科伪菱形藻属柔弱伪菱形藻。本书采用杨世民和董树刚（2006）的说法。

20 μm

20 μm

棍形藻属 *Bacillaria* Gmelin, 1791

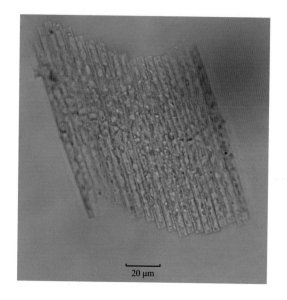

20 μm

派格棍形藻 *Bacillaria paxillifera* (Müller) Hendey, 1964

同种异名: *Vibrio paxillifer* Müller, 1786; *Bacillaria paradoxa* Gmelin, 1791; *Oscillaria paxillifera* (Müller) Schrank, 1823; *Diatoma paxillifera* (Müller) Brébisson, 1838; *Nitzschia paxillifera* (Müller) Heiberg, 1863; *Nitzschia paradoxa* Grunow, 1880; 奇异菱形藻 *Nitzschia paradoxa* (Gmelin) Grunow, 1880; *Oscillatoria paxillifera* (Müller) Schrank ex Gomont, 1892; *Bacillaria paxillifera* (Müller) Marsson, 1901; *Homoeocladia paxillifera* (Müller) Elmore, 1921; 奇异棍形藻

物种特征：细胞棍形，断面近方形，细胞彼此并连成一条滑动的带状群体。色素体小颗粒状，多数。

生态特征及分布：本种为广布种。中国渤海、黄海、东海和南海均有分布。

分类地位概述：金德祥等（1965）将其定为菱形藻科菱形藻属棍形亚属奇异菱形藻，杨世民和董树刚（2006）将其定为菱形藻科棍形藻属派格棍形藻。AlgaeBase 和 WoRMS 将此种定为 Bacillariaceae 科棍形藻属派格棍形藻。本书采用杨世民和董树刚（2006）的说法。

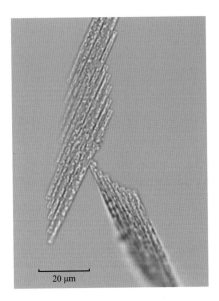

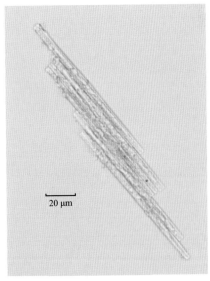

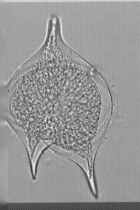

甲藻门
Pyrrophyta

甲藻门 Pyrrophyta 检索表

1. 细胞壁由左右两瓣组成。鞭毛 2 条，顶生 ············ 纵裂甲藻亚纲 Desmokontae

原甲藻目 Prorocentrales

原甲藻科 Prorocentraceae

1. 细胞裸露或由一定数目板片组成细胞壁。鞭毛 2 条，腰生 ·····························

··横裂甲藻亚纲 Dinokontac

  2. 横沟明显靠近细胞前部，横沟与纵沟的各块板片具有翼状的边翅 ··············

···鳍藻目 Dinophysiales

鳍藻科 Dinophysiaceae

  2. 横沟不明显靠近细胞前部，无翼状的边翅

   3. 细胞裸露或具薄的细胞壁

    4. 营养细胞具有 1~2 条鞭毛

     5. 营养细胞具有 2 条鞭毛 ····················· 裸甲藻目 Gymnodiniales

      6. 叶绿体不含藻黄素或者其衍生色素 ····· 裸甲藻科 Gymnodiniaceae

      6. 叶绿体含有藻黄素或者其衍生色素 ········· 凯伦藻科 Karenniaceae

     5. 营养细胞具有 1 条鞭毛 ······················· 夜光藻目 Noctilucales

夜光藻科 Noctilucaceae

    4. 营养细胞 2 条鞭毛均退化 ····················· 梨甲藻目 Pyrocystales

梨甲藻科 Pyrocystaceae

   3. 细胞具有厚而硬的壳壁，壳壁由许多大小不同的多角形板片组成

     7. 顶孔复合体缺乏 X 甲板或管甲板 ········· 膝沟藻目 Gonyaulacales

      8. 细胞上、下甲板延伸成发达的角状突起 ······角藻科 Ceratiaceae

      8. 细胞上、下甲板无发达的角状突起 ···膝沟藻科 Gonyaulacaceae

7. 顶孔复合体通常具有 X 甲板 ┄┄┄┄┄┄┄┄多甲藻目 Peridiniales

　9. 细胞一般无纵沟边翅，细胞较小 ┄┄ 多甲藻科 Peridiniaceae

　9. 细胞具有纵沟边翅，细胞大中型 ┄┄┄┄┄┄┄┄┄┄┄┄┄

┄┄┄┄┄┄┄┄┄┄┄┄┄┄┄┄ 原多甲藻科 Protoperidiniaceae

甲藻纲 Dinophyceae

纵裂甲藻亚纲 Desmokontae

原甲藻目 Prorocentrales

原甲藻科 Prorocentraceae

原甲藻属 *Prorocentrum* Ehrenberg, 1834

具齿原甲藻 *Prorocentrum dentatum* Stein, 1883

同种异名：钝头原甲藻 *Prorocentrum obtusidens* Schiller, 1928；*Prorocentrum veloi* Osorio-Tafall, 1942；*Prorocentrum monacense* Kufferath, 1957；*Prorocentrum shikokuense* Hada, 1975；东海原甲藻 *Prorocentrum donghaiense* Lu, 2001

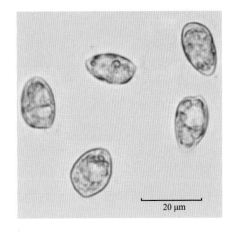

20 μm

物种特征：细胞小型至中型，呈不对称梨形，长 15~23 μm，宽 8~14 μm，单个生活或连成短链。壳面观长卵圆形，前端稍宽，后端收窄；腹面观则呈披针形。细胞顶端的一侧较平坦，无顶刺。壳面覆盖有许多小的棘刺，随着细胞的生长，左右壳面间的间插带逐渐变宽。色素体 2 个，呈板状，黄褐色。

生态特征及分布：本种为广布种。中国渤海、黄海、东海和南海均有分布。

分类地位概述：本种分类地位存在较大的争议。Lu & Goebel (2001) 根据形态学特征将本种定为新种 *Prorocentrum donghaiense* sp. nov，之后 Lu 等 (2005) 又结合分子生物学技术再次证明本种的分类地位。而 AlgaeBase 将此种定为 *P. obtusidens* Schiller, 1928，WoRMS 将此种定为 *P. shikokuense* Hada, 1975，还有一些学者将东海出现的该种定为具齿原甲藻 *P. dentatum* Stein, 1883。鉴于目前国内外各个文献中 *P. dentatum* Stein, 1883、*P. shikokuense* Hada, 1975 和 *P.donghaiense* Lu, 2001 均存在的事实，本书采用该种最早命名的学名即具齿原甲藻 *P. dentatum* Stein, 1883。

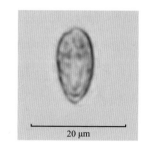

闪光原甲藻 *Prorocentrum micans* Ehrenberg, 1834

同种异名： *Prorocentrum schilleri* Böhrn, 1931；*Prorocentrum levantinoides* Bursa, 1959；*Prorocentrum pacificum* Wood, 1963；海洋原甲藻

物种特征： 细胞中型，长 40~70 μm，宽 21~50 μm。单个生活。壳面观椭圆形、卵圆形、圆形和倒梨形均有，最常见为瓜子形；腹面观较平。壳面前端圆钝，后端稍尖，中部最宽。顶刺 2 个，1 个大而明显，另 1 个则短小。色素体 2 个，呈板状，褐色。

生态特征及分布： 本种为广布种。中国渤海、黄海、东海和南海均有分布。

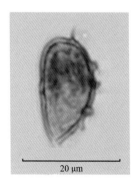

20 μm

横裂甲藻亚纲 Dinokontae

鳍藻目 Dinophysiales

鳍藻科 Dinophysiaceae

鳍藻属 *Dinophysis* Ehrenberg, 1839

渐尖鳍藻 *Dinophysis acuminata* Claparède & Lachmann, 1859

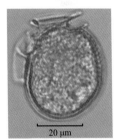

同种异名: *Dinophysis ellipsoides* Kofoid, 1907; *Dinophysis cassubica* Woloszynska, 1928; *Dinophysis levanderi* Woloszynska, 1928; *Dinophysis paulsenii* Woloszynska, 1928; *Dinophysis lachmannii* Paulsen, 1949; *Dinophysis skagii* Paulsen, 1949; *Dinophysis borealis* Paulsen, 1949; *Dinophysis boehmii* Paulsen, 1949; *Dinophysis lachmanii* Solum, 1962; *Dinophysis acuminata* f. *lachmannii* (Paulsen) Balech, 1976; *Dinophysis acuminata* var. *lachmannii* (Paulsen) Balech, 1988

物种特征: 细胞小型至中型,侧面观椭圆形,腹面观窄椭圆形,长 39~46 μm,背腹宽 29~34 μm。上壳甚短,横沟边翅向上伸展,呈漏斗状。上边翅具肋刺支撑;下边翅无肋刺。下壳长,纵沟边翅发达,约为体长的 1/2,左边翅末端呈钝角;右边翅窄而短,下端可至肋刺 R3。壳面眼纹及孔清晰。

生态特征及分布: 本种为广布种。中国渤海、黄海、东海和南海均有分布。

具尾鳍藻 *Dinophysis caudata* Saville-Kent, 1881

同种异名: *Dinophysis homuncula* Stein, 1883; *Dinophysis homunculus* Stein, 1883; *Dinophysis diegensis* Kofoid, 1907; *Dinophysis caudata* var. *diegensis* (Kofoid) Wood, 1954

物种特征: 细胞中型,长 86~105 μm,背腹宽 37~51 μm,经常成对出现,以背部连接。体形多变,侧面观大体为不等边四边形,后部急剧变窄呈手指状,其底端有时有疣状小突起。上壳甚短,略凸或略凹。横沟边翅向上伸展,呈漏斗状。上边翅具肋刺支撑;下边翅窄而无肋刺。下壳长,纵沟左边翅发达,伸展到手指突起的基部,约为体长的 1/2,宽度约为背腹宽的 1/2,其上常有次生的网纹结构;右边翅近三角形,下端可至肋刺 R3。壳面眼纹较粗大,眼纹中央的孔清晰可辨。

生态特征及分布: 本种为广布种。中国渤海、黄海、东海和南海均有分布。

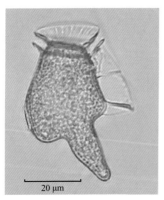
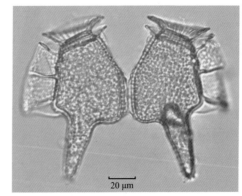

裸甲藻目 Gymnodiniales

裸甲藻科 Gymnodiniaceae

阿卡藻属 *Akashiwo* Hansen & Moestrup, 2000

血红阿卡藻 *Akashiwo sanguinea* (Hirasaka) Gert Hansen & Moestrup, 2000

同 种 异 名: *Gymnodinium sanguineum* Hirasaka, 1922; *Gymnodinium sangineum* Hirasaka, 1924; *Gymnodinium splendens* Lebour, 1925; *Gymnodinium nelsonii* Martin, 1929; 血红哈卡藻; 红色裸甲藻; 红色赤潮藻

物种特征: 细胞小型至中型, 形状多样化, 通常为五边形, 长 40~50 μm, 宽 35~45 μm。细胞上壳部和下壳部几乎相等。横沟位于细胞中央, 始末位移为 1 倍横沟宽度。纵沟不延伸到上壳部, 但在下壳部切入较深。顶沟存在。

生态特征及分布: 本种为广布种。中国渤海、黄海、东海和南海均有分布。

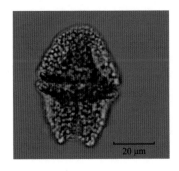
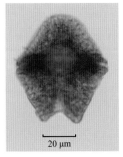
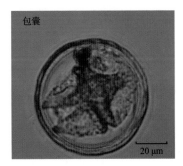

凯伦藻科 Kareniaceae

凯伦藻属 *Karenia* Hansen & Moestrup, 2000

米氏凯伦藻 *Karenia mikimotoi* (Miyake & Kominami ex Oda) Hansen & Moestrup, 2000

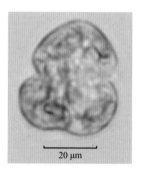

20 μm

同种异名： 米氏裸甲藻／米金裸甲藻 *Gymnodinium mikimotoi* Miyake & Kominami ex Oda, 1935；长崎裸甲藻 *Gyrodinium nagasakiense* Takayama & Adachi, 1984；*Gymnodinium nagasakiense* Takayama & Adachi, 1985；三宅裸甲藻

物种特征： 细胞小型，细胞背腹扁平，呈宽卵形，长 15.6~31.2 μm，宽 13.2~24 μm。细胞上壳部为半球形或宽圆锥形；下壳部底部中央有凹陷，为两浅裂片状，下壳部大于上壳部。横沟位于细胞中央，略靠上壳部，始末位移为 2 倍横沟宽度。纵沟入侵上壳部，并与顶沟形成一明显的顶沟—纵沟连接结构。顶沟直，始于横沟起点的右侧略上处，经细胞顶部延伸至上壳部的背部。

生态特征及分布： 本种为广布种。中国渤海、黄海、东海和南海均有分布。

夜光藻目 Noctilucales

夜光藻科 Noctilucaceae

夜光藻属 *Noctiluca* Suriray, 1836

夜光藻 *Noctiluca scintillans* (Macartney) Kofoid & Swezy, 1921

同种异名： *Medusa marina* Slabber, 1771；*Medusa scintillans* Macartney, 1810；*Noctiluca miliaris* Suriray, 1816；*Mammaria scintillans* Ehrenberg, 1834；*Noctiluca marina* Ehrenberg, 1834；*Noctiluca punctata* Busch, 1851；*Noctiluca omogenea* Giglioli, 1870；*Noctiluca pacifica* Giglioli, 1870

物种特征： 细胞大型，近圆球形，直径 150~2000 μm。细胞壁透明，有一长触手，细胞内原生质淡红色。

生态特征及分布： 本种为广布种。中国渤海、黄海、东海和南海均有分布。

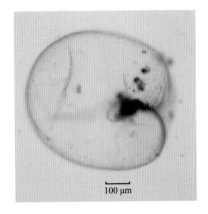

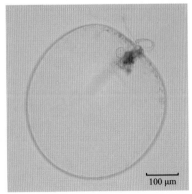

梨甲藻目 Pyrocystales

梨甲藻科 Pyrocystaceae

梨甲藻属 *Pyrocystis* Murray & Haeckel, 1890

菱形梨甲藻 *Pyrocystis rhomboides* (Matzenauer) Schiller, 1937

同种异名： *Dissodinium rhomboides* Matzenauer, 1933

物种特征： 细胞大型，长 413~456 μm，宽 96~104 μm，孢囊总体上呈规则的菱形，两侧细胞壁较直，而不是平滑地向两端弯曲，藻体最宽的部分形成菱形的 2 个钝角。H 形或颗粒形内含物分布在细胞中央。

生态特征及分布： 本种为暖水性广布种。中国东海和南海均有分布。

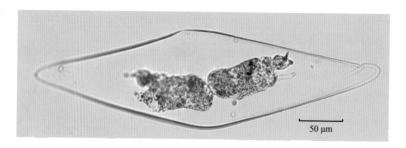

50 μm

钩梨甲藻半圆变种 *Pyrocystis hamulus* var. *semicircularis* Schröder, 1906

同种异名： *Dissodinium semicircularis* (Schröder) Matzenauer, 1933

物种特征： 细胞中型，孢囊窄而长，可分为中部和2个侧肢，中部膨大呈椭圆形，两肢从中间膨大部分伸出后呈弧形平滑向前弯曲，两肢的形态比较相似。色素体及原生质集中在椭圆形膨大部分。

生态特征及分布： 本种为暖水性广布种。中国东海和南海均有分布。

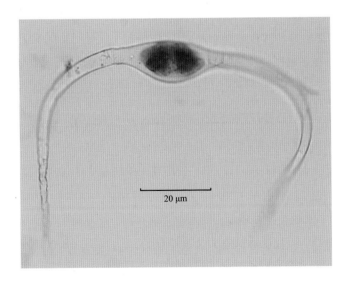

20 μm

膝沟藻目 Gonyaulacales

角藻科 Ceratiaceae

新角藻属 *Neoceratium* Gómez, Moreira & López-Garcia, 2010

分类地位概述：角藻属（*Ceratium* Schrank, 1793）是甲藻中最常见也是最古老的属。Gómez（2010）等人发现淡水和海洋中的角藻板式有差别，淡水种一般有 6 块横沟板、3 个底角，腹区壳板较厚，而海水种一般只有 5 块横沟板、2 个底角，腹区的壳板较薄。并根据分子鉴定进行了辅证，因此将海水种从角藻属里分出来，建立了一新属，即新角藻属（*Neoceratium*）。国内杨世民等（2016）在《中国海域甲藻 II 膝沟藻目》中也采用该分类系统。最近 Gómez（2013）又对该属的分类地位进行修改，根据国际上有关物种命名法则，认定新角藻属（*Neoceratium*）的命名是无效的（原文描述为：*Neoceratium* is illegitimate because the type species, *Neoceratium furca*, has the same basionym that the type of *Biceratium* Vanhöffen），最终确定该属为三脚/趾藻属 *Tripos* Bory, 1823，《西太平洋浮游植物多样性》和《渤海浮游植物》也是采用这个属名。林永水（2009）在《中国海藻志：第六卷 甲藻门：第一册 甲藻纲 角藻科》中将角藻属细分为古角藻、锚角藻、长角藻和角藻 4 个亚属，个别亚属又分为若干组。本书考虑到国内外对该属分类地位具有较大争议，根据国内主要甲藻类分类学书籍采用杨世民等（2016）的说法将该属定为新角藻属。

蜡台新角藻 *Neoceratium candelabrum* **(Ehrenberg) Gómez, Moreira & López-Garcia, 2010**

同 种 异 名: *Peridinium candelabrum* Ehrenberg, 1859; *Peridinium candelabrum* Ehrenberg, 1860; 蜡台角藻 *Ceratium candelabrum* (Ehrenberg) Stein, 1883; *Ceratium globatum* Gourret, 1883; *Ceratium depressum* Gourret, 1883; *Ceratium allieri* Gourret, 1883; *Ceratium dilatatum* Gourret, 1883; *Ceratium obliquum* Gourret, 1883; *Ceratium candelabrum* f. *dilitatum* (Gourret) Jörgesen, 1920; *Ceratium candelabrum* f. *curvatulum* Jörgesen 1920; *Ceratium candelabrum* var. *algerence* Schiller, 1928; *Ceratium candelabrum* f. *commune* Böhm, 1931; *Tripos allieri* (Gourret) Gómez, 2013; *Tripos depressus* (Gourret) Gómez, 2013; *Tripos dilatatus* (Gourret) Gómez, 2013; *Tripos globatus* (Gourret) Gómez, 2013; *Tripos obliquus* (Gourret) Gómez, 2013; *Tripos candelabrum* (Ehrenberg) Gómez, 2013; 蜡台三脚藻

物种特征: 细胞中型，藻体部宽大于长，顶角长度 53~179 μm，上壳长度 20~31 μm，下壳长度 26~35 μm，横沟宽 62~95 μm，单个生活或形成短链。上壳近扁锥形，略向左倾斜，使得右侧边稍长于左侧边，两侧均直或稍凸。顶角细，直或略弯，末端开口，平截。横沟直，横沟边翅窄。下壳近三角形，右侧边甚短，左侧边明显向内侧倾斜，底边斜，直或稍凹。

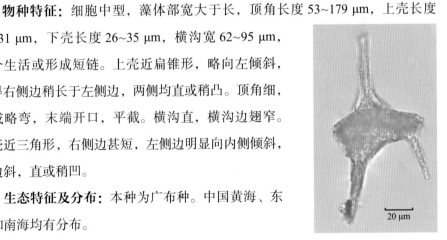

生态特征及分布: 本种为广布种。中国黄海、东海和南海均有分布。

反转新角藻 *Neoceratium contrarium* **(Gourret) Gomez, Moreira & Lopez-Garcia, 2010**

同 种 异 名: *Ceratium tripos* var. *contrarium* Gourret, 1883; *Peridinium macroceros* Ehrenberg, 1841; *Ceratophorus macroceros* (Ehrenberg) Diesing, 1850; *Ceratium tripos* var. *macroceros* (Ehrenberg) Claparède & Lachmann, 1859; *Peridinium tripos* var. *macroceros* (Ehrenberg) Diesing, 1866; *Ceratium macroceros* (Ehrenberg) Vanhöffen, 1897; *Ceratium tripos* f. *contrarium* (Gourret) Schroder, 1900; 反转角藻 *Ceratium contrarium* (Gourret) Pavillard, 1905; *Ceratium tripos* var. *protuberans* G.Karsten, 1906; *Ceratium batavum* Paulsen, 1908; *Ceratium massiliense* var. *protuberans* (Karsten) Jørgensen, 1911; *Ceratium protuberans* (Karsten) Paulsen, 1931; *Ceratium trichoceros* var. *contrarium* (Gourret) Schiller, 1937; *Tripos muelleri* var. *macroceros* (Ehrenberg) F.Gómez, 2013; 反转三脚藻 *Triops contrarium* (Gourret) Gomez, 2013; *Tripos batavus* (Paulsen) f. Gómez, 2013; *Tripos contrarius* (Gourret) f. Gómez, 2013; *Tripos protuberans* (Karsten) f. Gómez, 2013; *Tripos macroceros* (Ehrenberg) Hallegraeff & Huisman, 2020

物种特征: 细胞中小型,腹面观近三角形,顶角和两底角均很细长,顶角长度 284~576 μm,上壳长度 30~35 μm,下壳长度 28~36 μm,横沟宽 53~61 μm。上壳稍长于下壳或上、下壳近等长,上壳扁锥形,右侧边较直,左侧边稍凸。下壳两侧边稍向外侧倾斜,底边斜直。顶角直或略弯向右侧,末端平截。横沟直且明显,横沟边翅甚窄。两底角向外侧偏下方伸出一段距离后再弧形弯向上方,两底角弯向上方后形成波浪状弯曲,末端通常向外分歧。本种与波状新角藻非常相似,杨世民等(2016)认为本种左底角基部与下壳底边延长线重合(∠ Pl = 180°),而波状新角藻左底角基部斜向下弧形弯曲(∠ Pl < 180°),且两底角向上伸展的方向通常与顶角平行。

生态特征及分布: 本种为暖水性大洋种。中国黄海、东海和南海均有分布。

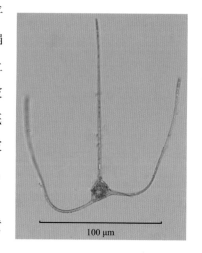

100 μm

偏转新角藻 *Neoceratium deflexum* (Kofoid) Gómez, Moreira & Lopez-Garcia, 2010

同种异名： *Ceratium recurvatrum* Schröder, 1906；*Ceratium californiense* Karsten, 1907；*Ceratium californiense* Kofoid, 1907；*Ceratium gallicum* Kofoid, 1907；*Ceratium macroceros* subsp. *deflexum* Kofoid, 1907；*Ceratium tripos* subsp. *macroceros* Karsten, 1907；*Ceratium macroceros* subsp. *gallicum* (Kofoid) Jørgensen, 1911；偏转角藻 *Ceratium deflexum* (Kofoid) Jørgensen, 1911；*Ceratium macroceros* var. *gallicum* (Kofoid) Peters, 1934；*Ceratium uncinus* Sournia, 1972；*Neoceratium uncinus* (Sournia) Gomez, Moreira & Lopez-Garcia, 2010；*Tripos californiensis* (Kofoid) Gómez, 2013；*Tripos uncinus* (Sournia) Gómez, 2013；偏转三脚藻 *Tripos deflexus* (Kofoid) Hallegraeff & Huisman, 2020；*Tripos gallicus* (Kofoid) Gómez, 2021

物种特征： 细胞中型，顶角长度 144~568 μm，上壳长度 3~57 μm，下壳长度 41~49 μm，横沟宽 51~69 μm，常单个生活，极少形成短链。上壳略短于下壳，稍向左侧倾斜，两侧边均稍凸。顶角长且直，基部较粗壮，末端平截。横沟直或稍弯，横沟边翅窄。下壳较长，两侧边均斜直，底边直且甚斜，其上常生有透明翼。两底角自下壳两隅生出后即向外侧下方，同时向腹侧方向偏转伸出一段距离，然后再弧形弯向上方，与顶角近平行方向伸出，但两底角与顶角不在同一平面上。细胞壳面脊状条纹细弱不明显，但在顶角和两底角上常生有明显的线状条纹，在成熟细胞的两底角基部还生有小刺。

生态特征及分布： 本种为暖水性广布种。中国黄海、东海和南海均有分布。

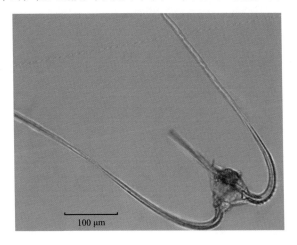

100 μm

叉状新角藻 *Neoceratium furca* (Ehrenberg) Gómez, Moreira & López-Garcia, 2010

同种异名: *Peridinium furca* Ehrenberg, 1833; *Peridinium furca* Ehrenberg, 1834; *Ceratophorus furca* (Ehrenberg) Diesing, 1850; 叉状角藻 *Ceratium furca* (Ehrenberg) Claparède & Lachmann, 1859; *Biceratium furca* (Ehrenberg) Vanhoeffen, 1897; *Biceratium debile* Vanhöffen, 1897; *Ceratium furca eugrammum* (Ehrenberg) Jörgesen Jörgesen, 1911; *Ceratium furca* var. *berghii* (Jörgesen) Schiller, 1937; *Ceratium hircus* Schröder, 1937; 叉状三脚 / 趾藻 *Tripos furca* (Ehrenberg) Gómez, 2013

物种特征: 细胞中型, 瘦长, 背腹较扁平, 顶角与上壳长度 99~169 μm, 下壳长度 22~34 μm, 横沟宽 34~48 μm, 单个生活或形成短链。上壳近等腰三角形, 向上均匀变细形成较为粗壮的顶角, 顶角末端开口, 平截。横沟宽而平直, 横沟边翅窄。左右底角接近平行向体后伸出, 末端尖, 左底角长度一般为右底角的 2 倍以上。

生态特征及分布: 本种为广布种。中国渤海、黄海、东海和南海均有分布。

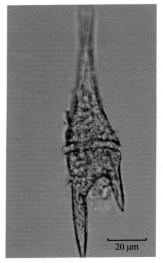

20 μm 20 μm 20 μm

梭状新角藻 *Neoceratium fusus* (Ehrenberg) Gómez, Moreira & López-Garcia, 2010

同种异名: *Peridinium fusus* Ehrenberg, 1833; *Peridinium fusus* Ehrenberg, 1834; 梭 角 藻 *Ceratium fusus* (Ehrenberg) Dujardin, 1841; *Ceratophorus fusus* (Ehrenberg) Diesing, 1850; *Peridinium seta* Ehrenberg, 1860; *Ceratium seta* (Ehrenberg) Kent, 1881; *Ceratium berghii* Gourret, 1883; *Ceratium pellucidum* Gourret, 1883; *Amphiceratium fusus* (Ehrenberg) Vanhöffen, 1896; *Triceratium fusus* (Ehrenberg) Moses, 1929; *Ceratium fusus* var. *seta* (Ehrenberg) Wood, 1954; 梭状三脚藻 *Tripos fusus* (Ehrenberg) Gómez, 2013; *Tripos berghii* (Gourret) Gómez, 2013; *Tripos pellucidus* (Gourret) Gómez, 2013; *Tripos seta* (Ehrenberg) Gómez, 2013; *Tripos fusus* var. *seta* (Ehrenberg) Gómez, 2013

物种特征: 细胞中型，细长，顶角与上壳长度 190~303 μm，横沟宽 23~30 μm。上壳近锥形，自横沟向上逐渐变细形成顶角，顶角末端开口，平截。下壳长大于宽，左底角较粗大，明显弯向背部，右底角短刺状或退化。

生态特征及分布: 本种为广布种。中国渤海、黄海、东海和南海均有分布。

20 μm

20 μm

长咀新角藻 *Neoceratium longirostrum* **(Gourret)**
Gomez, Moreira & Lopez-Garcia, 2010

同种异名：长嘴角藻 / 长咀角藻 *Ceratium longirostrum* Gourret, 1883；*Ceratium fusus* var. *longirostrum* (Gourret) Lemmermann, 1899；*Ceratium pennatum* f. *propria* Kofoid, 1907；*Ceratium pennatum* var. *scapiforme* Jörgensen, 1911；*Ceratium falcatum* (Kofoid) Jörgensen, 1920；*Ceratium inflatum* subsp. *longirostrum* (Gourret) Peters, 1934；*Tripos fusus* var. *longirostris* (Gourret) Gómez, 2013；长咀三脚藻 *Tripos inflatus* subsp. *longirostris* (Gourret) Gómez, 2013；*Tripos longirostrum* (Gourret) Hallegraeff & Huisman, 2020

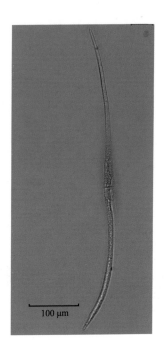

100 μm

物种特征：细胞中型，细长但坚实，顶角与上壳长度 252~308 μm，横沟宽 18~21 μm。上壳（包括顶角）明显长于下壳（包括左底角），上壳与顶角界限不明显，自横沟向上逐渐变细形成顶角，顶角末端平截，稍向左侧、背侧弯曲。横沟直而窄，无横沟边翅。下壳两侧边稍凸，底边斜。左底角长且粗壮，自中段开始逐渐弯向左侧、背侧，弯曲的程度较顶角大；右底角短刺状，直向下伸出。

生态特征及分布：本种为暖水性广布种。中国黄海、东海和南海均有分布。

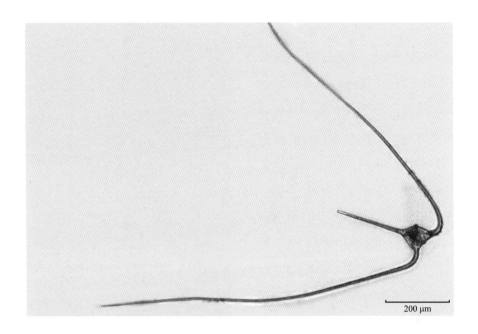

200 μm

马西里亚新角藻 *Neoceratium massiliense* **(Gourret) Gómez, Moreira & López-Garcia, 2010**

同种异名: *Ceratium tripos* var. *massiliense* Gourret, 1883; *Ceratium tripos* f. *massiliense* (Gourret) Schröder, 1900; 马西里亚角藻 *Ceratium massiliense* (Gourret) Karsten, 1906; *Ceratium tripos* var. *macroceroides* Karsten, 1906; *Ceratium recurvatum* Schröder, 1906; *Ceratium undulatum* Schröder, 1906; *Ceratium aequatoriale* Schröder, 1906; *Ceratium tripos* var. *macroceroides* Karsten, 1906; *Ceratium ostenfeldii* Kofoid, 1907; *Ceratium protuberans* (Karsten) Jörgensen, 1911; *Ceratium massiliense* f. *protuberans* (Karsten) Jörgensen, 1911; *Ceratium massiliense* var. *protuberans* (Karsten) Jörgensen, 1911; *Ceratium massiliense* f. *macroceroides* (Karsten) Jörgensen, 1911; *Euceratium massiliense* (Gourret) Moses, 1929; *Ceratium protuberans* (Karsten) Paulsen, 1931; *Ceratium massiliense* f. *macroceroides* (Karsten) Schiller, 1937; *Ceratium massiliense* f. *protuberans* (Karsten) Schiller, 1937; *Ceratium carriense* var. *massiliense*

(Gourret) Huisman, 1989；*Neoceratium recurvatum* (Schröder) Gomez，Moreira & Lopez-Garcia, 2010；*Tripos aequatorialis* (Schröder) Gómez, 2013；*Tripos ostenfeldii* (Kofoid) Gómez, 2013；*Tripos recurvatus* (Schröder) Gómez, 2013；马西里亚三脚藻 *Tripos massiliensis* (Gourret) Gómez, 2021

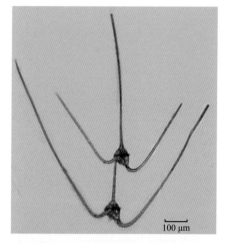

物种特征： 细胞中型至大型，顶角长度 190~629 μm，上壳长度 34~43 μm，下壳长度 38~46 μm，横沟宽 72~80 μm。上壳左侧边凸起，右侧边直或稍凸。下壳右侧边短，左侧边直或稍凹，底边斜。顶角细长且直或略弯，末端开口，平截。横沟直，横沟边翅清晰。左、右底角都很细长，基部常有小齿。

生态特征及分布： 本种为广布种。中国黄海、东海和南海均有分布。

圆柱新角藻*Neoceratium teres* **(Kofoid) Gómez, Moreira et López-Garcia, 2010**

同种异名：圆柱角藻 *Ceratium teres* Kofoid, 1907；圆柱三脚藻 *Tripos teres* (Kofoid) Gómez, 2013

物种特征：细胞小型，背腹甚扁，腹面观近纺锤形，长大于宽，顶角长度 59~107 μm，上壳长度 28~33 μm，下壳长度 19~23 μm，横沟宽 35~41 μm。上壳呈锥形，两侧边均微凸。横沟平直。下壳近四边形。顶角细长且直。底角尖而短，左底角相对较长。

生态特征及分布：本种为广布种，中国黄海、东海和南海均有分布。

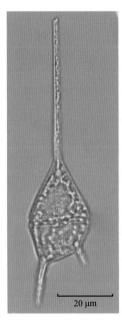

波状新角藻 *Neoceratium trichoceros* **(Ehrenberg) Gómez, Moreira et López-Garcia, 2010**

同种异名: *Peridinium trichoceros* Ehrenberg, 1859; *Peridinium trichoceros* Ehrenberg, 1860; *Ceratium trichoceros* (Ehrenberg) Kent, 1881; *Ceratium trichoceros* (Ehrenberg) Kofoid, 1881; *Ceratium flagelliferum* Cleve, 1900; *Ceratium tripos flagelliferum* Karsten, 1906; *Ceratium tripos flagelliferum* f. *crassa* Karsten, 1906; 波状角藻 *Ceratium trichoceros* (Ehrenberg) Kofoid, 1908; *Tripos trichoceros* (Ehrenberg) Gómez, 2013

物种特征: 细胞中小型,顶角长度245~528 μm,上壳长度24~29 μm,下壳长度25~28 μm,横沟宽38~46 μm,单个生活,极少形成短链。上壳圆凸,左侧边直,右侧边稍凸。下壳较上壳稍短,左侧边较直,底边倾斜、平直。顶角细长且直,末端开口,平截。横沟窄,直且略斜,横沟边翅亦窄。两底角自下壳两隅生出后均向外侧偏下方伸出一段距离,然后弧形弯向上方,弯向上方的部分常形成波浪状弯曲,两底角向上伸展的方向与顶角平行。

生态特征及分布: 本种为广布种。中国黄海、东海和南海均有分布。

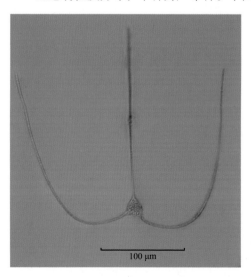

100 μm

三角新角藻 *Neoceratium tripos* (Müller) Gómez, Moreira & López-Garcia, 2010

同种异名： *Cercaria tripos* Müller, 1776；*Ceratium tripos* Müller, 1781；三角角藻／锚角藻 *Ceratium tripos* (Müller) Nitzsch, 1817；牟氏三脚藻 *Tripos muelleri* Bory 1826；*Peridinium tripos* (Müller) Ehrenberg, 1834；*Ceratophorus tripos* (Müller) Diesing, 1850；*Peridinium tripos* Ehrenberg, 1883；*Ceratium tripos* f. *balticum* Schrüder, 1892；*Ceratium tripos* var. *divaricatum* Lemmermann, 1899；*Ceratium neglectum* Ostenfeld, 1903；*Ceratium tripos* f. *subsalsum* Ostenfeld, 1903；*Ceratium pulchellum* Schröder, 1906；*Ceratium porrectum* Karsten, 1907；*Ceratium tripos* var. *subsalsum* (Ostenfeld) Paulsen, 1907；*Ceratium divaricatum* (Lemmermann) Kofoid, 1908；*Ceratium tripos* f. *neglectum* (Ostenfeld) Paulsen, 1908；*Ceratium tripos* f. *truncatum* Lohmann, 1908；*Ceratium humile* Jørgensen, 1911；*Ceratium schmidtii* Jørgensen, 1911；*Ceratium dalmaticum* Schröder, 1911；*Ceratium subsalsum* (Ostenfeld) Apstein, 1911；*Ceratium tripos* subsp. *divaricatum* (Lemmermann) Jørgensen, 1920；*Ceratium pulchellum* f. *tripodioides* Jørgensen, 1920；*Ceratium tripos* f. *tripodioides* (Jørgensen) Paulsen, 1931；*Ceratium tripodioides* (Jørgensen) Steemann Nielsen, 1934；*Ceratium schroederi* Nie, 1936；*Ceratium pulchellum* f. *dalmaticum* (Schröder) Schiller, 1937；*Ceratium aegyptiacum* Halim, 1963；*Ceratium breve* var. *schmidtii* (Jørgensen) Sournia, 1966；*Ceratium tripos* var. *porrectum* (Karsten) Margalef, 1967；*Neoceratium divaricatum* (Lemmermann) Gomez, Moreira & Lopez-Garcia, 2010；*Neoceratium aegyptiacum* (Halim) Gomez, Moreira & Lopez-Garcia, 2010；*Neoceratium humile* (Jørgensen) Gomez, Moreira & Lopez-Garcia, 2010；*Neoceratium porrectum* (G. Karsten) Gomez, Moreira & Lopez-Garcia, 2010；*Neoceratium tripos* f. *subsalsum* (Ostenfeld) Krachmalny, 2011；

Tripos dalmaticus (Schröder) Gómez, 2013；*Tripos divaricatus* (Lemmermann) Gómez, 2013；*Tripos aegyptiacus* (Halim) Gómez, 2013；*Tripos humilis* (Jørgensen) Gómez, 2013；*Tripos neglectus* (Ostenfeld) Gómez, 2013；*Tripos schmidtii* (Jörgesen) Gómez, 2013；*Tripos subsalsus* (Ostenfeld) Gómez, 2013；*Tripos tripodioides* (Jörgesen) Gómez, 2013；*Tripos truncatus* (Lohmann) Gómez, 2013；*Tripos porrectus* (Karsten) Gómez, 2013；*Tripos schroederi* (Nie) Gómez, 2013；*Tripos brevis* var. *schmidtii* (Jørgensen) Gómez, 2013；*Ceratium macroceros* f. *neglectum* Ostenfeld null

物种特征： 细胞中型，背腹较扁，上壳稍短于下壳或等长，上壳长度 34~42 μm，下壳长度 41~44 μm，横沟宽 72~85 μm。上壳左侧边直或稍凸，右侧边微微隆起。顶角较长，基部粗壮，末端平截。横沟直或稍弯，横沟边翅发达。下壳边右侧边短，左侧边直或稍向内凹，底边略凸或较平直。两底角较粗短，末端尖。

生态特征及分布： 本种为广布种。中国渤海、黄海、东海和南海均有分布。

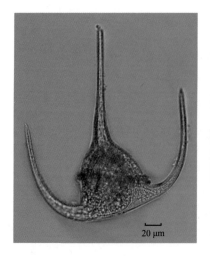
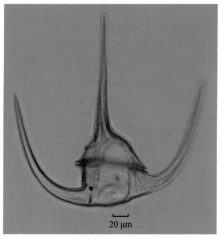

膝沟藻科 Gonyaulacaceae

亚历山大藻属 *Alexandrium* Halim, 1960

塔玛亚历山大藻 *Alexandrium tamarense* (Lebour) Balech, 1995

同种异名：*Gonyaulax tamarensis* Lebour, 1925；*Gonyaulax tamarensis* var. *excavata* Braarud, 1945；*Gonyaulax excavata* (Braarud) Balech, 1971；*Gessnerium tamarensis* (Lebour) Loeblich III & Loeblich, 1979；*Protogonyaulax tamarensis* (Lebour) Taylor, 1979；*Protogonyaulax excavata* (Braarud) Taylor, 1979；*Alexandrium tamarense* (Lebour) Balech, 1985；塔马亚历山大藻

物种特征：细胞小型至中型，椭球形至近球形，长 34~41 μm，宽 32~38 μm。上壳两肩微凸，顶孔复合结构近三角形或四边形。横沟中位，凹陷，左旋，下降约 1 倍横沟宽度。纵沟深，后部宽。下壳两侧边不等长，左侧长于右侧，底部凹陷或稍凸。

生态特征及分布：本种为广布种。中国渤海、黄海、东海和南海均有分布。

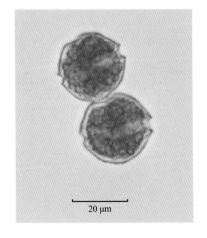

20 μm

膝沟藻属 *Gonyaulax* Diesing, 1866

多纹膝沟藻 *Gonyaulax polygramma* Stein, 1883

同种异名：*Protoperidinium pyrophorum* Pouchet, 1893；*Gonyaulax schuettii* Lemmermann, 1899；*Peridinium pyrophorum* Lemmermann, 1899

物种特征：细胞中型，腹面观近长菱形，长 45~67 μm，宽 36~49 μm。上下壳约等长。上壳圆锥形，两侧边直，顶角粗短坚实，末端平截。横沟较宽，明显凹陷，左旋，下降 1~1.5 倍横沟宽度，横沟边翅非常窄。纵沟稍弯曲，前端窄，后部逐渐变宽至下壳底部，纵沟边翅亦窄。下壳两侧边也较直，底端较圆钝，具有一个至数个小的底刺，很少有不具底刺的。壳面具多条近乎平行的粗壮纵脊，孔粗大明显。

生态特征及分布：本种为广布种。中国渤海、黄海、东海和南海均有分布。

20 μm

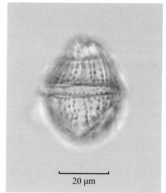

20 μm

20 μm

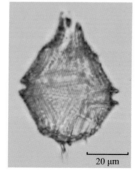

20 μm

多甲藻目 Peridiniales

多甲藻科 Peridiniaceae

斯克里普藻属 *Scrippsiella* Balech, 1965

锥状斯克里普藻 *Scrippsiella trochoidea* (Stein) Loeblich III, 1976

同种异名: *Peridinium acuminatum* Ehrenberg, 1836; *Heteraulacus acuminatus* (Ehrenberg) Diesing, 1850; *Heteroaulax acuminata* (Ehrenberg) Diesing, 1866; *Goniodoma acuminatum* (Ehrenberg) Stein, 1883; *Glenodinium trochoideum* Stein, 1883; *Glenodinium acuminatum* (Ehrenberg) Jørgensen, 1899; *Glenodinium acuminatum* Jørgensen, 1899; *Peridinium faeroense* Paulsen, 1905; *Peridinium trochoideum* (Stein) Lemmermann, 1910; *Goniodoma Lacustris* Lindemann, 1924; *Scrippsiella faeroensis* (Paulsen) Balech & Soares, 1966; *Scrippsiella faeronese* (Paulsen) Balech & Soares, 1967; *Scrippsiella faeronese* Dickensheets & Cox, 1971; *Scrippsiella trochoidea* (Stein) Loeblich III, 1976; *Calciodinellum faeroense* (Paulsen) Havskum, 1991; *Yesevius acuminatus* (Ehrenberg) Özdikmen, 2009; *Scrippsiella acuminata* (Ehrenberg) Kretschmann, Elbrächter, Zinssmeister, Soehner, Kirsch, Kusber & Gottschling, 2015; 锥状斯克里普藻; 锥状斯氏藻; 锥状斯比藻

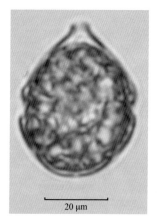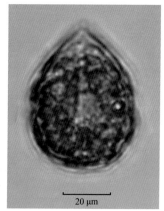

物种特征：细胞小型，腹面观梨形，长 18~33 μm，宽 16~24 μm。上壳近锥形，两侧边稍凸，顶角粗短，末端截平。横沟较宽，左旋，下降 3/10~5/10 倍横沟宽度，横沟边翅甚窄。纵沟短，未达下壳底部。下壳半球形，无底刺或底角。壳面平滑，孔细小。

生态特征及分布：本种为广布种。中国渤海、黄海、东海和南海均有分布。

原多甲藻科 Protoperidiniaceae

原多甲藻属 *Protoperidinium* Bergh, 1881

锥形原多甲藻 *Protoperidinium conicum* (Gran) Balech, 1974

同种异名：*Peridinium divergens* var. *conica* Gran, 1900；*Peridinium conicum* (Gran) Ostenfeld & Schmidt, 1901；*Peridinium conicum* (Gran) Ostenfeld & Schmidt, 1902；*Multispinula quanta* Bradford, 1975；*Selenopemphix quanta* (Bradford) Matsuoka, 1985；圆锥原多甲藻

物种特征：细胞中型，背腹略扁，腹面观近五边形，长 65~97 μm，宽 56~89 μm。上壳宽锥形，两侧边直或稍凹，无顶角。横沟近平直或稍左旋，凹陷，横沟边翅甚窄。纵沟深陷至下壳底部。下壳底部上凹，形成 2 个粗壮的锥形底角，两底角末端各生有 1 个短小的底刺。

生态特征及分布：本种为广布种。中国渤海、黄海、东海和南海均有分布。

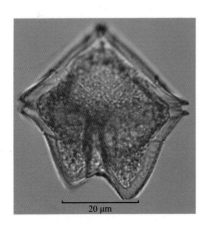

20 μm

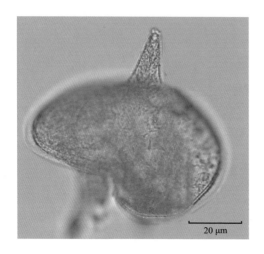

20 μm

扁形原多甲藻 *Protoperidinium depressum* (Bailey) Balech, 1974

同种异名: *Peridinium depressum* Bailey, 1854; *Ceratium depressum* (Bailey) Maggi, 1880; *Protoperidinium parallelum* Broch, 1906; *Protoperidinium parallelum* Paulsen, 1907; *Peridinium depressum* f. *multitabulatum* Graham null

物种特征: 细胞大型,背腹倾斜扁平,呈扁透镜状,长142~196 μm,宽121~180 μm。上壳两侧边凹,为不对称的锥形。顶角凸,偏向背侧。横沟清晰,左旋,具横沟边翅,其上有肋刺。纵沟深陷至细胞底部,纵沟边翅明显。下壳内凹,两中空底角较长,末端尖细,且两底角不在同一平面上,右底角与顶角近平行方向伸出。

生态特征及分布: 本种为广盐性广布种。中国渤海、黄海、东海和南海均有分布。

里昂原多甲藻 *Protoperidinium leonis* (Pavillard) Balech, 1974

同种异名: *Peridinium saltans* Pavillard, 1915; *Peridinium leonis* Pavillard, 1916; *Trinovantedinium concretum* Reid, 1977; *Quinquecuspis concretum* (Reid) Head, 1993

物种特征: 细胞中型,腹部凹陷,腹面观近五边形,长 73~90 μm,宽 72~81 μm。上壳锥形,两侧边较直,顶端钝,无顶角。横沟近环状或者弯曲左旋,下降 0.5~1.5 倍横沟宽度,横沟边翅窄。纵沟深陷至下壳底部,下壳底部及两侧边均凹,形成 2 个短锥形的、中空的底角,两底角上各生有 1 个短刺。上壳前沟板生有多条脊状纵条纹。

生态特征及分布: 本种为广布种。中国渤海、黄海、东海和南海均有分布。

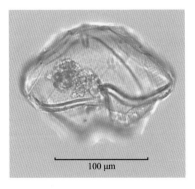 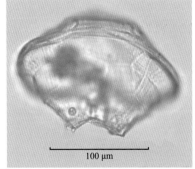

100 μm   100 μm

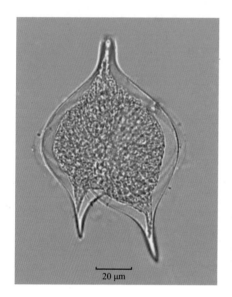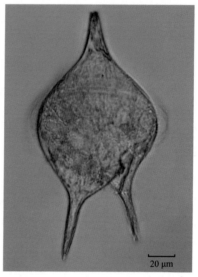

海洋原多甲藻 *Protoperidinium oceanicum* **(Vanhöffen) Balech, 1974**

同种异名： *Peridinium oceanicum* Vanhöffen, 1897；*Peridinium divergens* var. *oceanicum* Ostenfeld, 1899；*Peridinium pallidum* Ostenfeld, 1900；*Peridinium murrayi* Kofoid, 1907；*Peridinium oceanicum* f. *tricornutum* Graham, 1942；*Protoperidinium murrayi* (Kofoid) Hernández-Becerril, 1991；*Peridinium oceanicum* f. *spiniferum* Graham null

物种特征： 细胞大型，背腹倾斜略扁，腹面观近五边形。上壳两侧边稍凸，向上逐渐收缩形成顶角。顶角中等长度，末端平截。横沟左旋，下降1~2倍横沟宽度，不凹陷，横沟边翅薄，具肋刺支撑。纵沟深陷至细胞底部，纵沟左边翅较宽，右边翅窄。下壳两侧边亦凸，两底角较长，末端尖锐。

生态特征及分布： 本种为广布种。中国渤海、黄海、东海和南海均有分布。

光甲原多甲藻 *Protoperidinium pallidum* (Ostenfeld) Balech, 1973

同种异名：*Peridinium pallidum* Ostenfeld, 1900

物种特征：细胞中型，腹面观梨形至五边形，长 73~98 μm，宽 59~78 μm。上壳两侧边直或稍凸，近三角形，顶端略有延长形成顶角。横沟稍稍右旋，横沟边翅宽，具肋刺。纵沟左边翅宽大，右边翅甚窄。下壳两侧边直或稍凸。在纵沟末端，左右各生有 1 个具翼底刺。壳面网纹结构发达。

生态特征及分布：本种为广布种。中国渤海、黄海、东海和南海均有分布。

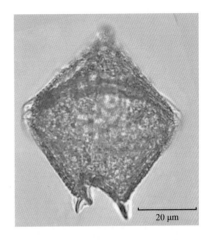

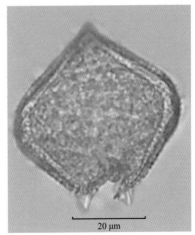

五角原多甲藻 *Protoperidinium pentagonum* (Gran) Balech, 1974

同 种 异 名: *Peridinium divergens* var. *sinuosum* Lemmermann, 1899; *Peridinium pentagonum* Gran, 1902; *Peridinium sinuosum* (Lemmerman) Lemmermann, 1905; *Peridinium sinuosum* Lemmermann, 1905; *Protoperidinium parapentagonum* Wang, 1936; *Brigantedinium majusculum* Reid, 1977; *Protoperidinium sinuosum* (Lemmermann) Matsuoka ex Head, 1996

物种特征: 细胞中型至大型,腹部凹陷,腹面观五边形,长 68~92 μm,宽 66~108 μm。上壳宽锥形,两侧边直或稍凹,无顶角。横沟弯曲左旋,下降 1~2 倍横沟宽度,明显凹陷,横沟边翅窄。纵沟较短,深陷至下壳 3/4 处,下壳两侧边凹,底部较平坦或稍上凹。两底角短,其上各生有 1 个短刺。

生态特征及分布: 本种为广布种。中国渤海、黄海、东海和南海均有分布。

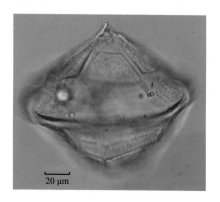
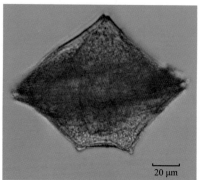

盘曲原多甲藻 *Protoperidinium sinuosum* Lemmermann, 1905

同 种 异 名: *Peridinium divergens* var. *sinuosum* Lemmermann, 1899; *Brigantedinium majusculum* Reid, 1977; *Protoperidinium sinuosum* (Lemmermann) Matsuoka ex Head, 1996

物种特征: 细胞大型, 腹部凹陷, 腹面观五边形, 长 65~95 μm, 宽 98~120 μm。上壳为低且宽的锥形, 两侧边稍凸, 无顶角。横沟弯曲左旋, 下降 1.5~2 倍横沟宽度, 凹陷, 横沟边翅窄。纵沟短且深陷, 纵沟边翅亦窄。下壳两侧边凹, 底部较宽, 上凹。两底角短且钝, 其上各生有 1 个非常短的底刺。

生态特征及分布: 本种为暖水性广布种。中国东海和南海均有分布。

分类地位概述: 本种分类存在一定的争议。AlgaeBase 和 WoRMS 认为本种为五角原多甲藻的同种异名, 而杨世民等（2016）认为两者之间存在明显差异, 本种细胞更宽, 长宽比为 0.65~0.75, 而五角原多甲藻长宽约相等, 另外, 本种细胞在横沟处明显下垂, 而五角原多甲藻细胞在横沟处较平直。本书采用杨世民等（2016）的说法。

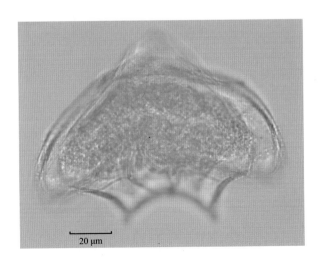

20 μm

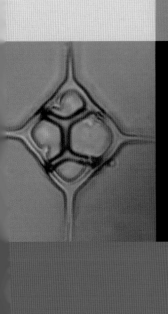

金藻门
Dictyochales

金藻纲 Chrysophyceae

金胞藻目 Chrysomonadales

硅鞭藻科 Dictyochaceae

硅鞭藻属 *Dictyocha* Ehrenberg, 1837

小等刺硅鞭藻 *Dictyocha fibula* Ehrenberg, 1839

物种特征： 细胞小型，细胞直径 10~45 μm。单个生活，细胞内有硅质骨架。骨架坚硬，由基环、基支柱和中心柱组成。基环呈正方形或菱形，每角有 1 个放射棘；基环每边近中央处有基支柱伸出，并与中心柱连接，形成 4 个基窗。

生态特征及分布： 本种为广布种。中国渤海、黄海、东海和南海均有分布。

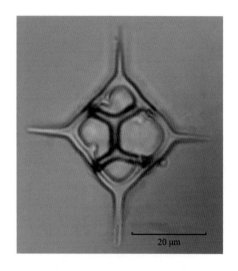

20 μm

八骨针藻属 *Octactis* Schiller, 1925

八骨针藻 *Octactis octonaria* (Ehrenberg) Hovasse, 1946

同 种 异 名: *Dictyocha octonaria* Ehrenberg, 1844; *Distephanus speculum* var. *octonarius* (Ehrenberg) Jørgensen, 1899; *Distephanus speculum* var. *octonarius* Glezer, 1966; *Stephanocha octonaria* (Ehrenberg) McCartney & Jordan, 2015; *Stephanocha speculum* var. *octonaria* (Ehrenberg) McCartney & Jordan, 2015

物种特征: 细胞小型, 细胞直径为 25~40 μm（平均 30 μm）, 呈放射状对称, 核位于中心, 被一层密集的盘状叶绿体包围。每个细胞产生的刺数一般是 8 个, 有 1~2 个刺通常略长于其他的, 极少数细胞也产生非常短的刺。每个骨架都由一厚而结实的基底和一相对薄的顶端环组成。

生态特征及分布: 本种为广布种。中国东海和南海均有分布。

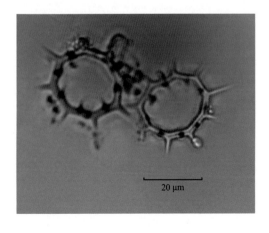
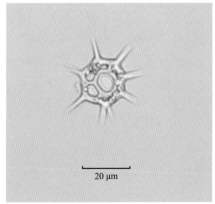

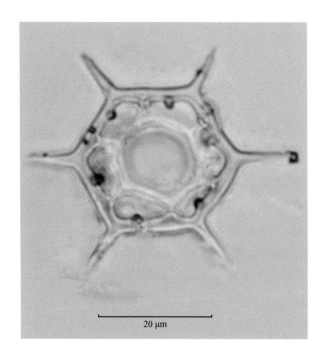

20 μm

六等八骨针藻 *Octactis speculum* **(Ehrenberg) Chang, Grieve & Sutherland, 2017**

同种异名: *Dictyocha speculum* Ehrenberg，1839；*Dictyocha aculeata* Ehrenberg，1840；*Cannopilus calyptra* Haeckel，1887；*Distephanus speculum* (Ehrenberg) Haeckel，1887；*Stephanocha speculum* (Ehrenberg) McCartney & Jordan，2015

物种特征：细胞小型，细胞直径 25~40 μm。体内有多角形粗硅质骨架和许多黄褐色盘状色素体。骨架由基环、基肋和顶环组成。基环六角形，每个角有 1 个放射状长刺，从基环每条边的中部伸出一基肋，基肋的顶部相连形成六角形顶环和 6 个基窗。

生态特征及分布：本种为广布种。中国东海和南海均有分布。

参考文献

程兆第，高亚辉．中国海藻志：第五卷 硅藻门：第二册 羽纹纲 I 等片藻目、曲壳藻目、褐指藻目、短缝藻目 [M]．北京：科学出版社，2012．

程兆第，高亚辉．中国海藻志：第五卷 硅藻门：第三册 羽纹纲 II 舟形藻目 [M]．北京：科学出版社，2013．

高亚辉，陈长平，孙琳，等．厦门海域常见浮游植物 [M]．厦门：厦门大学出版社，2021．

郭玉洁．中国海藻志：第五卷 硅藻门：第一册 中心纲 [M]．北京：科学出版社，2003．

金德祥，陈金环，黄凯歌．中国海洋浮游硅藻类 [M]．上海：上海科学技术出版社，1965．

林更铭，杨清良．西太平洋浮游植物物种多样性 [M]．北京：科学出版社，2021．

林永水．中国海藻志：第六卷 甲藻门：第一册 甲藻纲 角藻科 [M]．北京：科学出版社，2009．

马新，李瑞香，李艳，等．甲藻分类历史沿革及中国近海部分甲藻分类地位修订 [J]．生物多样性，21(1): 19–27, 2013．

潘玉龙，李瑞香，李艳，等．中国近海裸甲藻中文名的研究 [J]．海洋通报，2012, 31(2): 207–213．

潘玉龙，李瑞香，刘霜，等．中国海梨甲藻科几种甲藻的分类与形态鉴定 [J]．生物多样性，2014, 22(3): 329–336．

齐雨藻，王艳．我国东海赤潮原甲藻应属哪种？[J]．应用生态学报，2003, 14(7): 1188–1190．

钱树本，王薇．漂流藻属（*Planktoniella*）细胞形态观察及对 *Valdviella formosa* (Schimper ex Karsten) Karsten 名称的订正 [J]．海洋学报，1996, 18(6): 90–92．

杨世民，董树刚．中国海域常见浮游硅藻图谱 [M]．青岛：中国海洋大学出版社，2006．

杨世民，李瑞香，董树刚．中国海域甲藻 I 原甲藻目鳍藻目 [M]．北京：科学出版社，2014．

杨世民，李瑞香，董树刚．中国海域甲藻 II 膝沟藻目 [M]．北京：科学出版社，2016．

杨世民, 李瑞香, 董树刚. 中国海域甲藻Ⅲ多甲藻目 [M]. 北京: 科学出版社, 2019.

孙军, 刘东艳. 中国海区常见浮游植物种名更改初步意见 [J]. 海洋与湖沼, 2002, 33(3): 271−286.

孙晓霞, 郑珊, 郭术津. 热带西太平洋常见浮游植物 [M]. 北京: 科学出版社, 2017.

王建艳, 何建宗, 齐雨藻, 等. 甲藻（*Dinophyta*）凯伦藻科（Kareniaceae）的分类学研究与展望 [J]. 海洋与湖沼, 2017, 48(4): 786−797.

王茂剑, 宋秀凯. 渤海山东海域海洋保护区生物多样性图集（第四册）: 常见浮游植物 [M]. 北京: 海洋出版社, 2017.

王全喜, 曹建国, 刘研, 等. 上海九段沙湿地自然保护区及其附近水域藻类图集[M]. 北京: 科学出版社, 2008.

Ashworth M P, Nakov T, Theriot E C. Revisiting Ross and Sims (1971): toward a molecular phylogeny of the Biddulphiaceae and Eupodiscaceae (Bacillariophyceae) [J]. Journal of Phycology, 2013, 49(6): 1207−1222.

Chang F H. Cell morphology and life history of *Dictyocha octonaria* (Dictyochophyceae, Ochrophyta) from Wellington Harbour, New Zealand[J]. Phycological Research, 2015, 63: 253−264.

Gómez F, Moreira D, López-Garcia P. *Neoceratium* gen. nov., a new genus for all marine species currently assigned to *Ceratium* (Dinophyceae) [J]. Protist, 2010, 161: 35−54.

Gómez F. Reinstatement of the dinoflagellate genus *Tripos* to replace *Neoceratium*, marine species of *Ceratium* (Dinophyceae, Alveolata) [J]. Cicimar Oceanides, 2013, 28(1): 1−22.

Gómez F. Speciation and infrageneric classification in the planktonic dinoflagellate *Tripos* (Gonyaulacales, Dinophyceae) [J]. Current Chinese Science, 2021, 1(3): 346−372.

Hada Y. On two new species of the genus *Prorocentrum* Ehrenberg belonging to Dinoflagellida [J]. Hiroshima Shudo Daigaku Ronshu, 1975, 16: 31−38.

Lu D D, Goebel J. Five red tide species in genus *Prorocentrum* including the description of *Prorocentrum donghaiense* Lu sp. nov. from the East China Sea [J]. Chinese Journal of Oceanology and Limnology, 2001, 19 (4): 337−344.

Lu D D, Goebel J, Qi Y Z, et al. Morphological and genetic study of *Prorocentrum donghaiense* Lu from the East China Sea, and comparison with some related *Prorocentrum* species[J]. Harmful Algae, 2005, 4: 493–505.

Schiller J. Die planktischen Vegetationen des adriatischen Meeres. C. Dinoflagellata. 1 Teil. Adiniferidea, Dinophysidaceae [J]. Archiv für Protistenkunde, 1928, 61: 45–91.

Tomas, C. R. Modern coccolithophorids[M]//Tomas C R. Identifying Marine Phytoplankton. London: Academic Press, 1997: 731–847.

中文名索引

学名索引

A

Achnanthes longipes Agrardh, 1824 / 085

Actinoptychus senarius (Ehrenberg) Ehrenberg, 1843 / 019

Akashiwo sanguinea (Hirasaka) Gert Hansen & Moestrup, 2000 / 107

Alexandrium tamarense (Lebour) Balech, 1995 / 125

Amphora lineolata Ehrenberg, 1838 / 089

Arachnoidiscus ornatus Ehrenbarg, 1849 / 020

B

Bacillaria paxillifera (Müller) Hendey, 1964 / 094

Bacteriastrum hyalinum Lauder, 1864 / 047

Bacteriastrum minus Karsten, 1906 / 048

Bellerochea horologicalis Stosch, 1977 / 074

Biddulphia biddulphiana (Smith) Boyer, 1900 / 069

Biddulphia rhombus (Ehrenberg) Smith, 1854 / 070

C

Chaetoceros affinis Lauder, 1864 / 049

Chaetoceros castracanei Karsten, 1905 / 050

Chaetoceros coarctatus Lauder, 1864 / 051

Chaetoceros curvisetus Cleve, 1889 / 052

Licmophora abbreviata Agardh, 1831 / 083

M

Melosira discigera Agardh, 1824 / 005

Melosira monoiliformis (Müller) Agardh, 1824 / 006

Meuniera membranacea (Cleve) Silva, 1997 / 088

N

Neoceratium candelabrum (Ehrenberg) Gómez, Moreira & López-Garcia, 2010 / 113

Neoceratium contrarium (Gourret) Gomez, Moreira & Lopez-Garcia, 2010 / 114

Neoceratium deflexum (Kofoid) Gómez, Moreira & Lopez-Garcia, 2010 / 115

Neoceratium furca (Ehrenberg) Gómez, Moreira & López-Garcia, 2010 / 116

Neoceratium fusus (Ehrenberg) Gómez, Moreira & López-Garcia, 2010 / 117

Neoceratium longirostrum (Gourret) Gomez, Moreira & Lopez-Garcia, 2010 / 118

Neoceratium massiliense (Gourret) Gómez, Moreira & López-Garcia, 2010 / 119

Neoceratium teres (Kofoid) Gómez, Moreira et López-Garcia, 2010 / 121

Neoceratium trichoceros (Ehrenberg) Gómez, Moreira et López-Garcia, 2010 / 122

Neoceratium tripos (Müller) Gómez, Moreira & López-Garcia, 2010 / 123

Nitzschia longissima (Brébisson) Ralfs, 1861 / 090

Nitzschia lorenziana Grunow, 1880 / 091

Noctiluca scintillans (Macartney) Kofoid & Swezy, 1921 / 109

O

Octactis octonaria (Ehrenberg) Hovasse, 1946 / 140

Octactis speculum (Ehrenberg) Chang, Grieve & Sutherland, 2017 / 141

Odontella chinensis (Greville) Grunow, 1884 / 064

Pyrocystis hamulus var. *semicircularis* Schröder, 1906 / 111

Pyrocystis rhomboides (Matzenauer) Schiller, 1937 / 110

R

Rhabdonema adriaticum Kützing, 1844 / 084

Rhizosolenia bergonii Péragallo, 1892 / 041

Rhizosolenia hyalina Ostenfeld, 1901 / 045

Rhizosolenia imbricata var. *schrubsolei* (Cleve) Schröder, 1960 / 040

Rhizosolenia robusta Norman, 1861 / 042

Rhizosolenia setigera Brightwell, 1858 / 043

Rhizosolenia styliformis Brightwell, 1858 / 044

S

Scrippsiella trochoidea (Stein) Loeblich III, 1976 / 127

Skeletonema costatum (Greville) Cleve, 1873 / 029

Stephanopyxis palmeriana (Greville) Grunow, 1884 / 030

T

Thalassionema frauenfeldii (Grunow) Tempère & Péragallo, 1910 / 079

Thalassionema nitzschioides (Grunow) Mereschkowsky, 1902 / 081

Thalassiosira excentrica (Ehrenberg) Cleve, 1904 / 023

Thalassiosira leptopus (Grunow) Hasle & Fryxell, 1977 / 022

Thalassiosira pacifica Gran & Angst, 1931 / 025

Thalassiosira rotula Meunier, 1910 / 024

Triceratium favus Ehrenberg, 1839 / 072